人人都是**设计师**

零基础学书籍装帧设计

胡卫军 编著

清華大學出版社
北京

内容简介

本书主要依据初学者学习书籍装帧设计的普遍规律安排内容，由浅入深地讲解了初学者需要掌握和感兴趣的基础知识和操作技巧，全面解析各个知识点。全书结合实例进行讲解，详细地介绍了书籍装帧设计的基础和要点，使读者能轻松地学习并掌握。

本书共分为 5 章，分别为第 1 章书籍装帧设计基础、第 2 章书籍装帧设计中的元素、第 3 章书籍装帧的封面设计、第 4 章书籍装帧的版面设计和第 5 章书籍装帧的其他设计。本书主要根据读者学习的难易程度，以及在实际工作中的应用需求来安排章节，真正做到为学习者考虑，也让不同程度的读者更有针对性地学习所需内容，强化自己的弱项，并有效帮助书籍装帧设计爱好者提高操作速度与效率。

本书知识结构清晰、内容有针对性、实例精美实用，适合大部分书籍装帧设计爱好者与设计专业的大中专学生阅读。读者可以扫描书中提供的二维码，查看书中所有实例的微视频和素材，别外，本书还赠送配套 PPT 课件，用于补充书中遗漏的细节内容，方便读者学习和参考。

图书在版编目（CIP）数据

零基础学书籍装帧设计 / 胡卫军编著. —北京：清华大学出版社，2020.9（2024.8 重印）
（人人都是设计师）
ISBN 978-7-302-55653-4

Ⅰ. ①零… Ⅱ. ①胡… Ⅲ. ①书籍装帧－设计 Ⅳ. ①TS881

中国版本图书馆CIP数据核字（2020）第101123号

责任编辑：张 敏
封面设计：杨玉兰
责任校对：胡伟民
责任印制：刘 菲

出版发行：清华大学出版社
网　　址：https://www.tup.com.cn，https://www.wqxuetang.com
地　　址：北京清华大学学研大厦A座　　**邮　　编：**100084
社 总 机：010-83470000　　**邮　　购：**010-62786544
投稿与读者服务：010-62776969, c-service@tup.tsinghua.edu.cn
质量反馈：010-62772015, zhiliang@tup.tsinghua.edu.cn
印 订 者：北京博海升彩色印刷有限公司
经　　销：全国新华书店
开　　本：170mm×240mm　　**印　　张：**10　　**字　　数：**235千字
版　　次：2020年9月第1版　　**印　　次：**2024年8月第6次印刷
定　　价：59.80元

产品编号：086447-01

前言

随着经济和文化的大发展，社会对艺术设计专业人才的需求量越来越大，市场对艺术设计人才教育质量的要求也越来越高。书籍装帧设计逐渐成为一些设计专业人员或设计爱好者感兴趣的设计种类。本书主要通过理论知识与操作案例相结合的方式，向读者介绍使用专业设计软件进行书籍装帧设计的操作方法与技巧。

内容安排

本书共分为5章，采用基础知识与应用案例相结合的方法，循序渐进地向读者介绍了使用Photoshop、Illustrator和InDesign进行书籍装帧设计的操作方法与技巧，下面分别是各个章节的具体内容。

第1章　书籍装帧设计基础：主要介绍书籍装帧设计基础知识，包括书籍装帧设计的起源与发展，书籍的开本、结构、装帧形式，现代书籍的类型，书籍装帧设计的要求，以及书籍装帧设计常用软件。

第2章　书籍装帧设计中的元素：主要介绍制作书籍的材料，书籍纸张的种类及特点，书籍装帧中的图像、文字和图形。

第3章　书籍装帧的封面设计：主要介绍封面设计基础知识、书籍封面的功能、封面的设计构思、封面的留白设计、封面设计进阶和书籍印刷工艺。

第4章　书籍装帧的版面设计：主要介绍版面设计的内容，分割版面的方法，装帧设计中版面的形式，图文混排设计和插页设置。

第5章　书籍装帧的其他设计：主要介绍书籍版式的其他设计、书签设计和书籍装订工艺。

本书中分析讲解了很多优秀的封面作品，用来加深读者的理解，如有侵权问题，请及时联系编者。

本书特点

本书采用理论知识与操作案例相结合的教学方式，向读者全面介绍书籍装帧设计的规范和原则。

• 通俗易懂的语言

本书采用通俗易懂的语言向读者全面介绍各种书籍装帧设计所需的基础知识和操作技巧，确保读者能够理解并掌握相应的功能与操作。

• 基础知识与实战案例结合

本书摈弃了传统教科书式的纯理论式教学，采用基础知识和实战案例相结合的讲解模式。书中所使用的案例都具有很强的商业性和专业性，不仅能够帮助读者强化知识点，还对开拓思路和激发创造性有很大的帮助。

• 技巧和知识点的归纳总结

本书在基础知识和实战案例的讲解过程中列出了大量的提示和技巧，这些信息都是结合作者长期的书籍装帧设计经验与教学经验归纳出来的，它们可以帮助读者更准确地理解和掌握相关的知识点和操作技巧。

• 微视频、素材和 PPT 课件辅助学习

读者通过扫描书中的二维码可以学习实例操作微视频和下载所有实例的相关素材，读者扫描左方二维码还可获取本书 PPT 课件。

PPT 课件

读者对象

本书适合书籍装帧设计爱好者，想进入书籍装帧设计领域的读者朋友，以及设计专业的大中专学生阅读，同时对专业设计人士也有很高的参考价值。希望读者通过对本书的学习，能够早日成为优秀的书籍装帧设计师。

目录

第1章 书籍装帧设计基础

本章主要内容

书籍装帧设计是通过由外到内的整体设计，科学地、艺术地组合完成一本完整的图书。书籍装帧设计内容很多，包括封面、封底、书脊、护封、扉页和插图等。本章将向读者介绍书籍装帧设计的基础知识，帮助读者快速掌握一些与书籍装帧设计相关的知识，为后面的学习打好基础。

1.1 了解书籍装帧设计

书籍装帧设计是书籍造型设计的总称，一般包括选择纸张、封面材料，确定开本、字体、字号，设计版式，决定装订方法以及印刷和制作方法等。书籍装帧设计是完成从书籍形式的平面化到立体化的过程，它包含了艺术思维、构思创意和技术手法的系统设计。

☆ 提示

在书籍装帧设计中，只有从事整体设计才能称作装帧设计或整体设计，只完成封面或版式等部分设计的，只能称作封面设计或版式设计等。

1.1.1 什么是书籍装帧

书籍装帧是一种艺术创作，是人们运用美的规律所创造的以阅读和使用为实用目的的物质载体。

书籍装帧是一门“构造学”，是将书籍外在造型与内容进行整体设计的综合学问。书籍装帧不应只是书籍的文字解说或简单的外包装，而应是以书籍的整体设计为载体，包括书籍的封面、环衬、扉页、序言、目录、文字、版式、插图、页码等一系列的设计，最终将书籍做成一个有血有肉充满感情与特质的生命体。

☆ 提示

“装帧”一词的由来，该词是丰子恺在1928年引用的日本词汇。他在为上海《新女性》杂志撰写的文章中，曾引用该词，但当时人们对其理解主要是书籍的封面设计。随着我国出版事业的发展，装帧这一概念也逐渐被人们接受并一直沿用至今。

日本著名的设计师杉浦康平从20世纪60年代中期就已经投身书籍装帧设计，是被公认的书籍装帧设计界的大师，杉浦康平如图1-1所示。他把内文排版、文字、标题、目录、封面、腰带和版权页的设计融为一体，并对所有用纸、材料进行选择，设定印刷装订工艺，甚至连书籍的宣传品也作为书籍整体设计中的一部分，图1-2所示为杉浦康平的书籍装帧设计作品。

图 1-1　杉浦康平

图 1-2　杉浦康平的书籍装帧作品

由此可见，书籍装帧设计不仅是为书籍设计一件美丽的外衣，而是以书籍的整体形态为载体的多层次、多因素、多侧面、立体的综合工程。书籍装帧设计是集平面设计、字体设计、版式设计、包装设计、插图设计、印刷装订设计为一体的综合设计，图 1-3 所示为一些较为成功的书籍装帧效果。

图 1-3　书籍装帧效果

1.1.2　书籍装帧的起源与发展

中国是四大文明古国之一，五千年的辉煌历史与文化遗产大多是通过书籍的形式记载并传承下来的。作为新时代的年轻人，了解中国书籍的演变，有益于从另一个侧面更好地了解中华民族的历史，更加珍惜祖国优秀的文化遗产，进而增强作为一名炎黄子孙的自豪感和自信心。

书籍在最初时并不是真正意义上的书籍，因为它是刻在龟甲、兽骨、石头、青铜器上，不同于我们现在书籍的形式。

- 刻在甲骨上的文字

远古时期，在纸张发明之前，文字是用刀刻在乌龟的腹甲和牛羊的肩胛骨上，因而称之为甲骨文。这些龟甲、兽骨成了书籍雏形，图 1-4 所示为甲骨文字。

图 1-4　甲骨文字

• 铸刻在青铜器上的文字

从商代末期直到东汉初期，出现了一种铸刻在青铜器内壁上或器盖背面上的文字。青铜器的文字内容为我国有关专家研究殷商至春秋战国时期统治制度及重大事件提供了重要的实证，图 1-5 所示为铸刻在青铜器上的文字。

图 1-5　铸刻在青铜器上的文字

• 刻在石头上的文字

在石头上刻字，盛行于秦汉时期。古人有刻字记事的传统，在石头上刻字比在金属器物上更方便，取材更广泛，还能长期保存，所以刻石记事在当时盛行。石刻文字承担、记录着统治者们的功德伟绩等，此外，还有名人的书法文字。有些石刻文字、石刻画艺术至今仍在沿用，图 1-6 所示为刻在石头上的文字。

图 1-6　刻在石头上的文字

随着时代的发展，人们从在实物上雕刻文字，逐步向着书籍的方向发展。我国古代书籍发展很早，并且在书籍出现时就非常注重书籍的装帧。我国早期书籍的装帧分为简牍装、卷轴装、旋风装、经折装、蝴蝶装、包背装和线装。

• 简牍装

简，即竹片，竹片做成的书称为“简策”，如图 1-7 所示。简又有两种：一是汗简（也称汗青，就是把竹子放在火上烘干，这样可以避免腐朽）；二是杀青（削去竹片青皮，防止新竹的腐朽和虫害）。牍，即木片，木片做成的书称为“版牍”，如图 1-8 所示。

图 1-7　简策

图 1-8　版牍

木片做成的“版牍”和竹片做成的“简策”，二者合称为“简牍”。简牍开始于周代（公元前 10 世纪），它的盛行阶段是从公元前 5 世纪到公元 3 世纪之间的 800 多年的时间。现在我国已大量出土了战国时期、秦、汉代的简策。我国古代的许多著作都是写在简策上的，例如《诗经》《春秋》《周易》《离骚》和《礼仪》等。

☆ 提示

简策有很多缺点，首先在材料方面，竹木的分量很重，占空间，也不方便阅读。尤其是翻阅次数多了，容易出现脱简和错简的现象，难以修复。但是，简策是在造纸术发明之前中国书籍的主要形式，占有重要的历史地位，也是我国书籍的真正雏形，并为后来纸质书籍装帧形式的产生起到了启迪作用。

• 卷轴装

我国历史上使用较长的书籍形式就是卷轴装。卷轴装的形式始于汉代，主要存在于魏晋南北朝至隋唐时期。卷轴装的材料开始是帛的，伴随着纸的发明，便开始用纸制作卷轴。

帛书在装帧上与简策有很多相似之处，是将文字书写在丝织品上的一种形式，如图 1-9 所示。帛书质地轻软、画面宽阔，便于携带与保存。其优点远胜于简策。但是，由于它的材料主要是丝织品，价格昂贵，产量较少，只有少数的达官贵人才能使用，所以它无法普及。

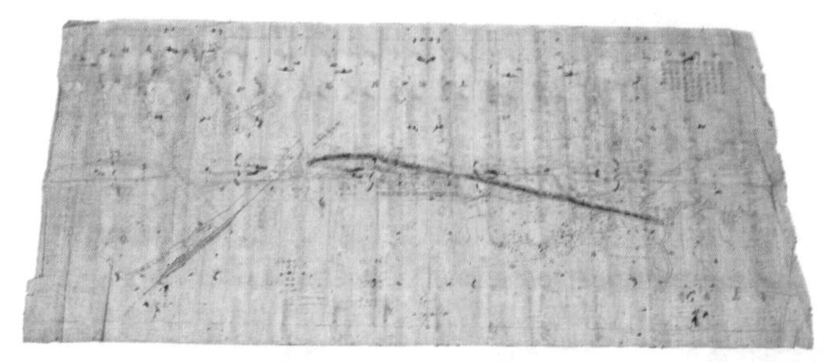

图 1-9　帛书

直到公元 105 年，东汉的蔡伦总结各种造纸经验，运用植物纤维造纸，发明了成本低廉、可大量生产的纸张。纸的发明，使书籍从此走入平常百姓家。特别是在公元 4 世纪时，玄帝下令废简用纸，并规定了纸张的颜色与规格，于是纸成了普遍的书籍材料。

纸书时代从公元 2 世纪到公元 10 世纪，统治长达八九百年之久。初期的纸书是完全模仿帛书的形式，如图 1-10 所示。到隋唐时期我国的纸书达到极盛，并逐渐形成和发展成一套系统的卷轴制度，因此在书史上称为卷轴时代。

卷轴装由卷、轴、褾、带四个主要部分构成，如图 1-11 所示。卷轴装书卷的末端大多是粘在轴上，一般为刷漆的木轴。

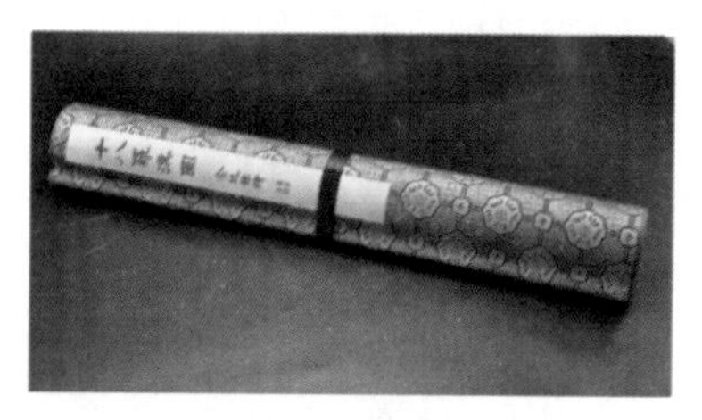

图 1-10　卷轴

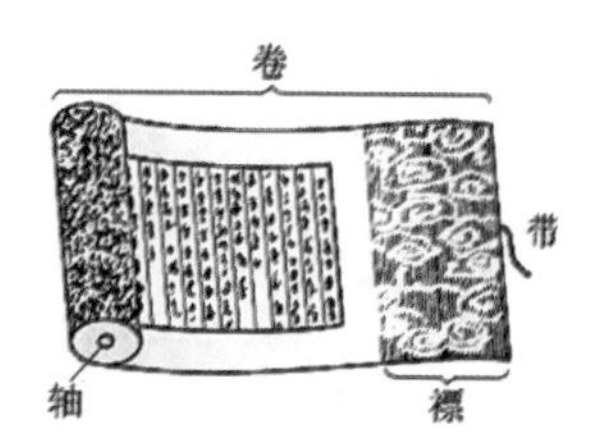

图 1-11　卷轴装

卷轴装又称卷子装，比简策有很大的进步，但也存在很多缺点。卷轴装的形式在唐代后期发生了变化，其原因在于制作一本书需要经过粘纸、加轴、装褾、系带等环节，在阅读时，要展卷、收卷，查阅某一地方非常不便。为了避免卷轴装的缺点，人们又发明了旋风装和经折装。

• 旋风装

旋风装在外观上看与卷轴装一样，只有展开阅读时才能发现，它是由一张比书页略宽的长厚纸来做底版，首页全幅装裱在卷的右首，单面书写。从第二页开始，双面书写，依次按序排在上一页的下面。

这种装帧形式收藏时从首向尾卷起、捆绑，在外形上看与卷轴装无差别。里面的书页，随风飞翻犹如旋风，所以后人把它形象地称为旋风装，图 1-12 所示为应用了旋风装的书籍。

图 1-12　旋风装

• 经折装

经折装也称为折子装，就是把本来用卷轴形式的纸书不用卷的方法，而是改用左右反复折叠的办法，最后折成长方形的折子状，如图 1-13 所示。

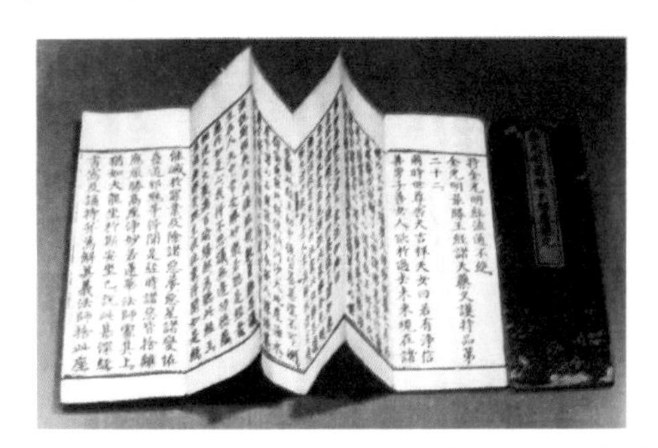

图 1-13　经折装

这种形式出现在公元 8 世纪唐代中后期，它采用较厚的纸张或木板粘在书本的前后做封面，以防损坏。它的形态完全改变了卷轴装的形式，对其进行了彻底改造，是书籍装帧历史上一个重要的里程碑。

至今，这种装帧形式仍在使用，如企业宣传册、旅游景点介绍、房地产广告册、画册等，都是由这种装帧形式发展而来。

• 蝴蝶装

蝴蝶装大约出现在唐末五代后期，盛行于宋朝，是我国最早的册页形式。它的产生与当时的雕版印刷技术密不可分。当时为适应单面印刷和一版一页的特点，将书页沿中缝把有文字的一面朝里对折。再把折好的纸张按照先后顺序对齐排列，然后将有折缝的一面逐页粘连，这样就形成了书脊。用一张厚纸包装整本书籍作为封面和封底，既美观又起到保护的作用，最后裁齐成册。如图 1-14 所示，看其外表，就如同现在的书籍，但翻阅起来犹如蝴蝶的翅膀翻飞飘舞，所以称为“蝴蝶装”。

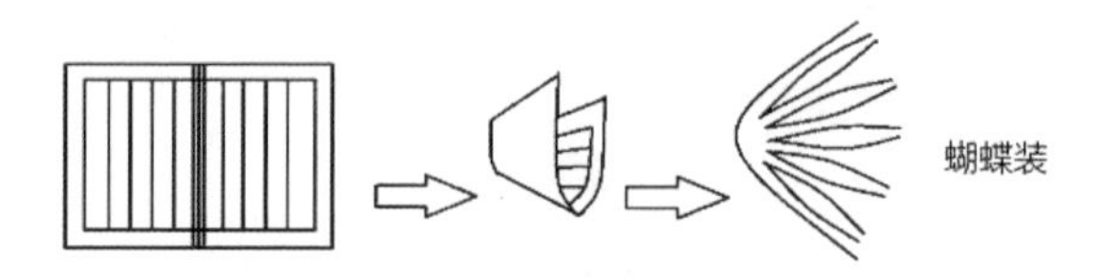

图 1-14　蝴蝶装

蝴蝶装虽比卷轴装有很大改进，但还有许多美中不足的地方。它连翻两页才能看到文字，粘连也不够牢，书页容易脱落。因此自宋代以后，蝴蝶装逐渐变为包背装。

• 包背装

包背装与蝴蝶装的装帧形式恰好相反，它是将书页带字的一面向外，无字的一面向里折，将折好的书页按序排列。装帧时与蝴蝶装相反，如图 1-15 所示。

以折叠的中线作为书口，背面为防止胶粘不牢固，采用纸捻装订技术，将韧性强的纸捻成条状，在书左侧打孔，以捻装订，这样翻阅次数多了，也不容易散乱。最后，再用一张厚纸绕书背贴住，作为书籍封面，这样包背装就完成了。

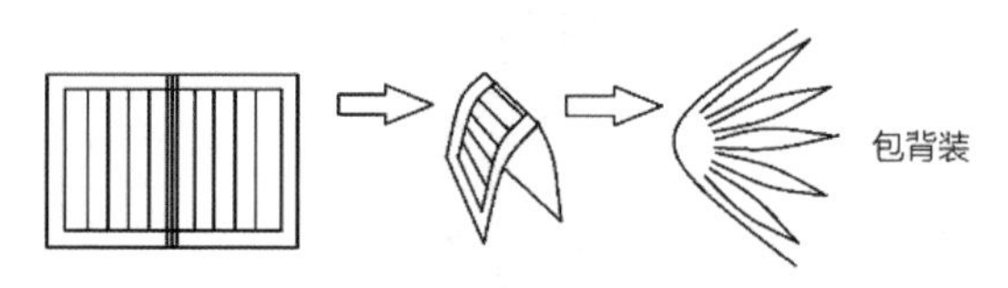

图 1-15　包背装

它出现在南宋末期，元、明、清时较多使用，如明代《永乐大典》、清代《四库全书》都是采用了包背装的方式。图 1-16 所示为应用了包背装的书籍。

图 1-16　应用了包背装的书籍

• 线装

线装书是我国传统装帧技术史中最先进的一种，线装书籍便于阅读，又不易散破。线装书是从包背装发展而来的，始于明代中叶（公元 14 世纪），盛于清代。线装书的结构分为书衣（封面）、护页、书名页、序、凡例、目录、正文、附录、跋或后记，与现在的书籍次序大致相同。从封面到正文、行、阑、牌、界以及插图，都构成了一个完整的设计，如图 1-17 所示。线装书传统专业术语如图 1-18 所示。

图 1-17　线装书

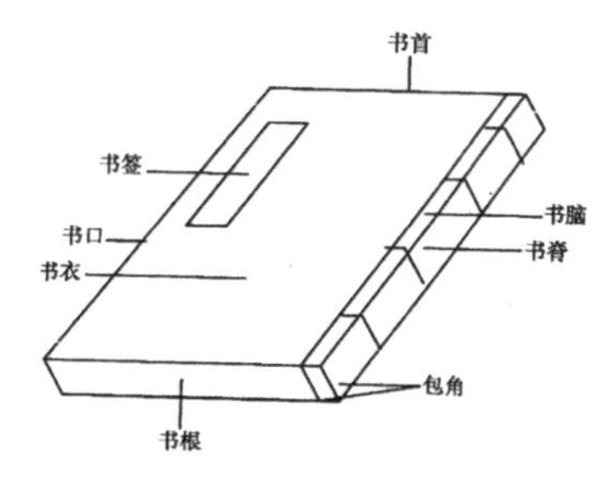

图 1-18　线装书传统专业术语

☆ 提示

由于线装书牢固、美观，封面和封底柔软可卷，书脊又不会像包背书一样坚硬，书本破了还可以重新装帧，并且在修整旧书时，还可以添加书页等，故其流行时间达到百年之久。

《二十四史》和《四部备要》等书籍都是线装书的典范。为了更好地保护珍贵典籍或明藏孤本，藏书家往往特制书卷装置以保存书籍，如木制书盒、书箱、书屉、藏书柜等，如图 1-19 所示。

图 1-19　保护书籍

☆ 提示

鲁迅先生也给了线装书一个很高的评价：看大厚本的洋装书，拿在手里就像举块砖头，不如看中国的线装书方便。可见，当时为了适应社会发展和需要而产生的线装书，已经达到了精益求精的地步。

▶ 1.1.3 近现代书籍装帧的发展

受西方的影响，我国书籍装帧从清朝末期才开始从线装书向近现代书籍形态过渡。1919 年五四运动以后文化出现了一个新的高潮，现代书籍装帧艺术才真正兴起，书籍文字也开始由竖排改为横排，同时改变了版面的格式，如图 1-20 所示。

鲁迅先生是站在中国书籍艺术革新运动最前沿的人，他不仅是一位伟大的思想家、文学家，也是中国现代书籍艺术的倡导者，图 1-21 所示为鲁迅先生画像。他对传统的书籍装帧形式有精深的研究，对于外国书籍艺术精华也吸收利用。他设计的书籍既能把民族风格与时代特征融为一体，也能体现出其内容与封面设计的整体性。

图 1-20 书籍文字版面格式

图 1-21 鲁迅

鲁迅倡导并亲自进行书籍装帧设计，常常将国外的优秀书籍装帧作品介绍给国人，在他身边聚集了一批热爱版画和书籍装帧的年轻人。一时间，书籍装帧设计领域呈现出百家争鸣、蒸蒸日上的态势。

☆ 提示

鲁迅是我国现代书籍设计艺术的开拓者和倡导者，“天地要阔、插图要精、纸张要好”是他对书籍设计的基本要求。他自己还动手设计了数十种书刊封面，如《呐喊》《华盖集》《引玉集》等。

到了 20 世纪 60 年代，由于受印刷、出版、经济、思想等的影响，中国的书籍装帧设计发展空前缓慢。出版的众多图书中，只有封面设计，而封底多是留白。到了 20 世纪 70 年代，书籍装帧开始有了整体设计的概念，设计内容逐渐包括封面、封底、书脊、勒口、环衬等。

20 世纪 90 年代，伴随我国经济的发展，图书的设计也得到快速发展，装帧设计不仅包括封面、封底和书脊等整体设计，还包含了对内文的版式设计、书籍材料的选用、印刷装订工艺等，并出现了一大批专业从事书籍装帧设计和研究的队伍。图 1-22 所示为一些设计精美的书籍装帧效果。

图 1-22　精美的书籍装帧设计

如今，随着科学的发展、时代的进步，计算机被广泛地运用到书籍装帧设计的整个过程中。计算机的设计软件帮助设计者任意地创造图形、处理图像，使书籍装帧设计更加精美，具有更加丰富和美妙的视觉效果。同时，随着高科技的发展，一些新设备、新材料、新工艺也应运而生，能够满足人们日益变化的审美需求，为书籍装帧设计者提供更多选择。

1.2 书籍的开本

设计一本书时，首先要确定开本。开本就是书的大小，也就是书的面积。开本是以整开纸为设计单位，每整开纸平均裁切和折叠的张数，即为多少开。例如，一张大纸切成大小相等的 2 份就是对开，切成面积相同的四张就是 4 开，同理有 8 开、16 开、32 开和 64 开等大小，如图 1-23 所示。

由于整张原纸的规格有所不同，所以，切成的小页大小也不同。把 787mm×1092mm 的纸张切成 16 张小页叫小 16 开。把 850mm×1168mm 的纸张切成 16 张小页叫大 16 开，以此类推。在实践中，同一种开本，由于纸张和印刷装订条件的不同，会设计成不同的形状，如方长开本、正偏开本、横竖开本等。同样的开本，因纸张的不同所形成不同的形状，有的偏长、有的呈方形。

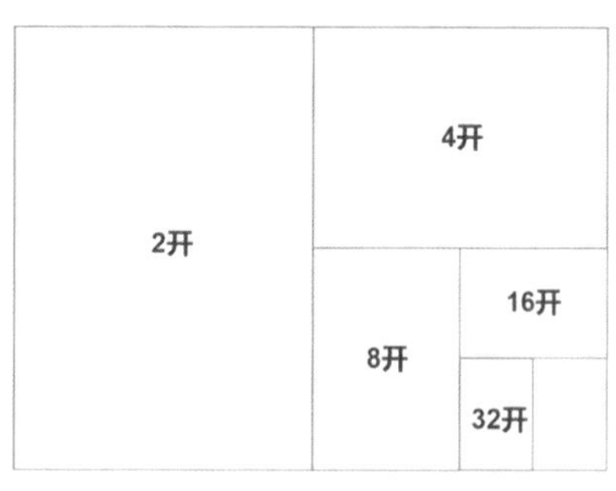

图 1-23　全开幅面

☆ 提示

只有确定了开本的大小之后，才能根据设计的意图确定版心、版面设计、封面构思、插图设计等，并分别进行设计。一本书的各个部分是相互联系的，所以在确定一本书的开本之前，要根据书籍的内容及性质做一个整体的构思设计。

确定书籍的开本大小，要考虑以下四个方面：

（1）了解书籍的内容与性质。因为书籍的开本，其长宽比例已初步决定了一本书的“性格”。

（2）参照此类书籍的开本规格。因为成功的范例是经过了长期的考验，更加适合读者的需求。

（3）原有稿件的篇幅。

（4）读者层面和书籍价位。

常见开本尺寸如表 1-1 所示。

表 1-1　常见开本尺寸

开本尺寸	尺寸（mm×mm）	开本尺寸	尺寸（mm×mm）
全开（正度）	787×1092	全开（大度）	889×1193
对开	736×520	对开	570×840
4 开	520×368	4 开	420×570
8 开	368×260	8 开	285×420
16 开	260×184	16 开	210×285
32 开	184×130	32 开	203×140

好的开本设计会给人带来良好的第一印象，而且能体现出这本书的实用目的和艺术个性。不同类型的书籍，根据其用户和功能的不同，对于开本也有一定的规则。

• 政治理论类图书严肃端庄，篇幅较多，一般放在桌子上阅读，开本较大，常用大 32 开。

• 高等学校教材一般采用大开本，过去多用 16 开，显得太大了，现在多改为小 16 开。

• 文学书籍常为方便读者而使用 32 开。诗集、散文集开本更小，如 42 开、36 开等。

• 工具书中的百科全书、辞海等较为厚重，一般用大开本，如 16 开。小字典、手册之类可用较小开本，如 64 开。

• 印刷画册的排印要将大小横竖不同的作品安排得当，又要充分利用纸张，故常用近似正方形的开本，如 6 开、12 开、20 开、24 开等，如果是中国画，还要考虑其独特的狭长幅面而采用长方形开本。

☆ 提示

小开本表现了设计者对读者衣袋书包空间的体贴，大开本能为读者的典藏和礼品增添几分高雅和气派。对于异形开本的运用，折叠、裁切等手法塑造的异形美，不仅体现了书的个性，而且在不知不觉中引导着读者审美观念的多元化发展。

图 1-24 所示为女诗人灰娃的诗集《山鬼故家》的书籍装帧设计。这本书采用了异型 32 开本，即 16 开的高度和 1/2 的 16 开宽度。这本书显得非常狭长，拿在手中的感觉自然也非常奇特。诗的形式是行短而转行多，读者在横向上的阅读时间短，诗集采用窄开本是很适合的。相反，其他体裁的书籍采用这种形式则有些不妥，设计是因书而异的。从另一方面说，这种窄开本印诗集还可以减少纸张的浪费，降低成本。

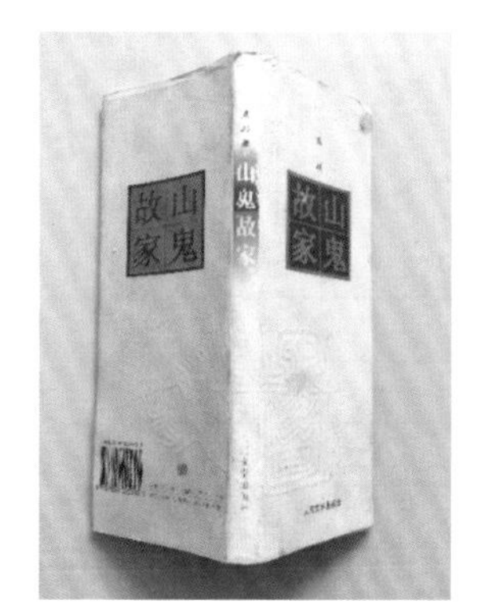

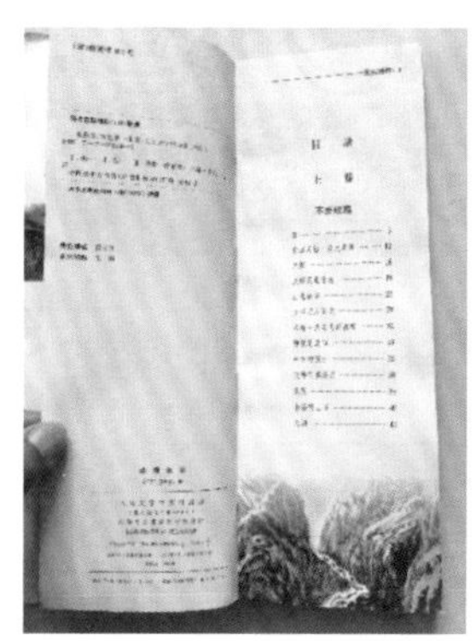

图 1-24 《山鬼故家》书籍装帧效果

1.3 书籍的结构

书籍作为一个系统、一个整体，通常由封面和书心两大部分构成，且结构间组织严谨，相得益彰。

封面包括腰封、护封、封面、护页、勒口等；书心包括环衬、扉页、序言、目录、内页、插图、版权页等。装订方式的不同也会影响书籍的结构，图 1-25 所示为书籍的部分主要结构。

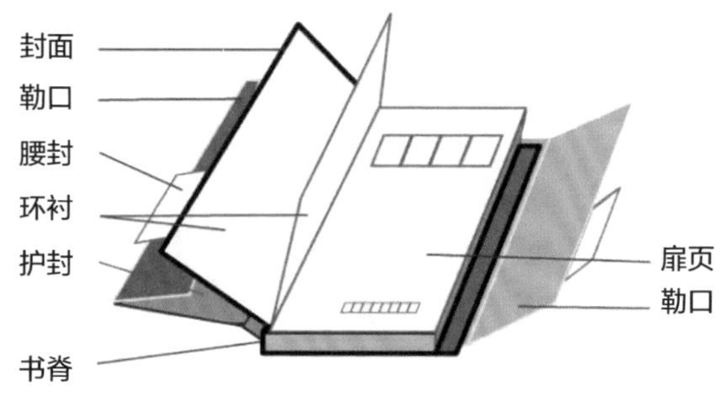

图 1-25 书籍的部分主要结构

1.3.1 封面

封面又叫书皮或封一，记载书名、卷、册、著者、版次、出版社等信息，如图1-26所示。封面能增强图书内容的思想性和艺术性，可以加深对图书的宣传，在设计上不同于一般的绘画。图书的封面对图书的内容具有从属性，同时要考虑读者的类型，要为读者所理解。

图 1-26　封面

1.3.2 勒口

书籍勒口就是书的封面折进去的部分。勒口既可以使封面更好看，又能够避免封面破损，同时也可以在勒口上印刷作者简介等内容，图1-27所示的两边白色部分为书籍勒口。

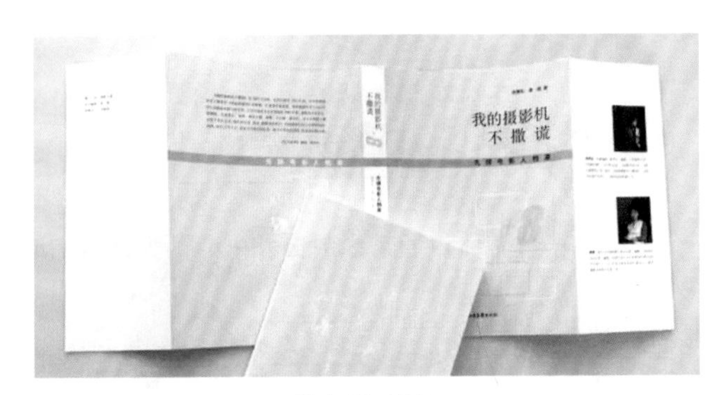

图 1-27　勒口

1.3.3 腰封

腰封也称“书腰纸”，是书籍的可选部件之一，即包裹在书籍封面中部的一条纸带，属于外部装饰物，如图1-28所示。

图 1-28 腰封

腰封一般使用牢度较强的纸张制作。它的高度一般相当于图书高度的三分之一，也可更大些；宽度则必须达到不但能包裹封面的面封、书脊和底封，而且两边还各有一个勒口。腰封上可印与该图书相关的宣传、推介性文字。腰封主要作用是装饰封面或补充封面的表现不足。一般多用于精装书籍。

1.3.4 环衬

无论打开正反面封面，总有一张连接封面和内页的版面，叫作环衬。目的在于使封面和内页版面之间牢固、不脱离，如图 1-29 所示。

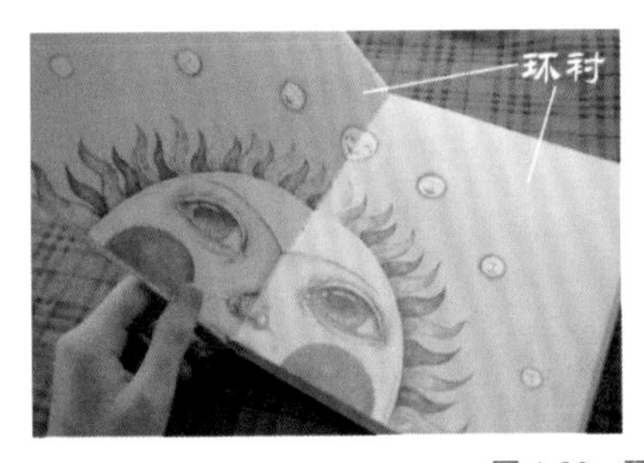

图 1-29 环衬

精装书的环衬设计一般都很讲究，会采用抽象的肌理效果、插图或图案，也会使用照片表现其风格内容与书装整体保持一致。但色彩相对于封面要有所变化，一般需要淡雅些。图形的对比相对弱一些，有些可以运用四方连续纹样装饰，产生统觉效果，在视觉上产生由封面到内心的过渡。

☆ 提示

统觉是指知觉内容和倾向蕴含着人们已有的经验、知识、兴趣和态度，因而不再限定于对事物的个别属性感知。

1.3.5 护封

在通常情况下，书籍在运输的过程中，是用纸张或塑料包裹好了的，以免在途中遇到脏物而受到损害。但到了书店之后，保护书籍则是护封，如图 1-30 所示。

图 1-30　护封

读者好奇地拿起一本书翻阅，但大多数读者仍把它放回去，继续选择其他的书籍。这样一来，一本书往往要经过许多只手翻阅以后才卖出去，那么书籍的封面必然会受到一些损害。此外，摆在橱窗里的书籍，由于光线和日光的照射，容易褪色和卷曲变形，护封能够有效地减轻这些受损的情况。

护封也能帮助销售。它是读者的介绍人，它能使读者更加轻易地注意到书籍，并愿意靠近该书籍，它也向读者介绍这本书的精神和内容，同时鼓励读者购买这本书。

1.3.6 书脊

书脊即书的脊背，是平装书和精装书封面和封底的联结处。一般印有书名、作者名和出版单位名等。书脊也被称为书背，图 1-31 所示为书籍的书脊设计效果。

图 1-31　书脊

1.3.7 扉页

扉页又称内中副封面。在封二或衬页之后，印的文字和封面相似，但内容更加详细一些。扉页的作用首先是补充书名、著作者、出版者等项目，其次是装饰图书增加美感。

1.4 书籍的装帧形式

书籍常见的装帧形式包括平装书和精装书，随着人们阅读习惯的改变，多媒体光盘也成为一种书籍的装帧形式。

1.4.1 平装书

平装书又称简装书，结构上由书皮和书页两大部分构成。书皮，即人们通常说的封面，它既有保护书心的作用，又有美化、宣传和装饰图书的功能。书页，即书籍文字的载体，包括扉页以及印有正文的所有版面。主要工艺过程包括折页、配贴、订书、包封面和切光书边，图 1-32 所示为平装书效果。

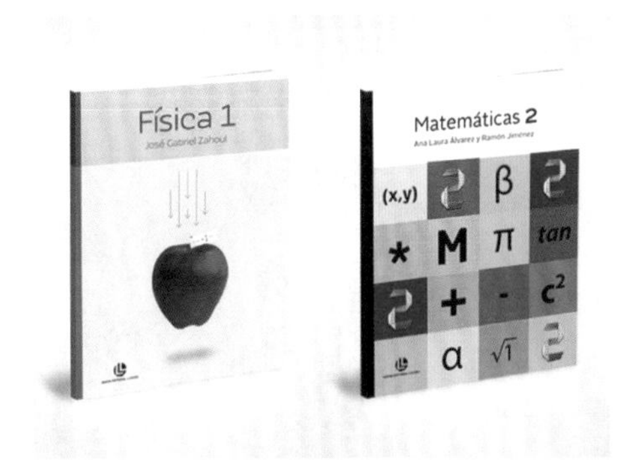

图 1-32 平装书效果

平装书是目前普遍采用的一种装订形式，装订方法简易，成本低廉，封面和封底一般也都是纸面软装。平装书籍的装订工艺有平订、骑马订、锁线订和无线订等。

1.4.2 精装书

精装书主要应用于经典著作、学术名著、工具书和画册等类别，如图 1-33 所示。精装书比平装书装订方法繁杂、材料讲究，因此成本也相对较高。精装书的加工过程一般先将书心进行有序的排整、锁线、上胶和圆背，再选择硬质纸板作为封面和封底的材料，最后使封面和封底套上书心粘连、压槽而成。

图 1-33　精装书效果

精装书一般使用比较坚固的材料来制作封面，以便更好地保护书页，并在封面上使用许多精美的材料装饰书籍，如羊皮、绸缎、亚麻布和皮革等。目前精装图书更受广大书籍爱好者的欢迎。

1.4.3　多媒体光盘

多媒体光盘是随着计算机技术发展而出现的新型信息载体，它的形态虽然不同于传统书籍，但其功能都完全具备。它可以将文字、声音、图片、动画和影视等信息集于一身，可以满足当代人读书容量大、快节奏和多参与的需要，被称为最新颖的现代书籍，图 1-34 所示为多媒体音乐光盘装帧效果。

图 1-34　多媒体音乐光盘装帧效果

任何事物都是在不断发展的，书籍装帧设计也不例外。电子出版物的兴起，将彻底改变人们对传统出版业的观念。设计师不仅要继承和发扬传统优秀文化，而且要充分利用和发挥现代的新材料、高科技的作用。只有如此，才能不被时代淘汰，时刻立于不败之地。

1.5 现代书籍的类型

现代书籍的类型有很多种，比较常见的有科技类、文学艺术类、工具书类、儿童读物类和期刊类，接下来逐一进行讲解。

1.5.1 科技类

由于科技类书籍通常是反映自然科学的书籍，所以涉猎范围广泛，涵盖的内容也很丰富， 除了人们熟知的数、理、化之外，还包括天文、地理、动物和植物等综合性学科的边缘学科。

科技类书籍的装帧设计除了需要在造型设计上与文艺书籍有明显的差异外，还需要设计师了解科技行业相关知识。

一件成功的科技类书籍装帧作品，无论设计师追求什么样的设计风格，采取什么样的表现手法，都需要从要设计装帧的书籍中提取元素进行创意和设计制作，具体要求有以下几点：

（1）科技类书籍的读者一般都具有相应的专业知识，所以这类书籍的设计风格不可太大众化和通俗化。

（2）可以采用先进的科技形象或符号吸引读者，体现书籍的高科技和前沿性，如图 1-35 所示。

（3）运用抽象几何形态形成一种符号式的形式美感。

（4）采用能引起人们产生想象的图像元素来表达书籍的主题内涵，如图 1-36 所示。

图 1-35 采用科技形象　　图 1-36 采用产生想象的图像

1.5.2 文学艺术类

文学艺术类书籍可分为文学艺术、人物传记和史诗三类。其中文学艺术类书籍的体裁十分广泛，包括小说、诗歌和散文等。内容也有很多，包括音乐、舞蹈、戏剧、设计、电影和戏曲等。史诗类书籍通常包括小说、诗歌和随笔等。

文学和艺术的共性就是富于想象力和抒情性，这类作品都可以借写景写物来抒发自己的情感，可以极力用夸张的手法强化表现主题。

☆ 提示

文学艺术类书籍设计一定要在较高层次上再现书中的深刻寓意，借助艺术联想扩大意境，使读者通过书籍装帧设计联想到更多内容，这样的书籍装帧设计会加深读者对书籍内容的理解，同时也给人以美的享受。

文学艺术类书籍装帧常用的设计表现方法有以下几种：

（1）直接采用书中最有表现力的人物和风景的设计手法，直观地体现书籍的基本内容，图 1-37 所示封面上的军功章与书中内容相对应。

（2）借物抒情的间接表现，利用富有寓意的图形来体现书籍主题。

（3）对于人物传记类图书，将作者的肖像融入封面设计中，因为作者的知名度和影响力就是此类图书设计的重点，图 1-38 所示的装帧设计中就使用了作者的肖像。

（4）应针对书籍的文笔风格、读者群体的具体情况来确定书籍装帧设计的风格。

图 1-37　采用书中的元素

图 1-38　采用作者肖像

▶ 1.5.3　工具书类

工具书是指专供查找知识信息的书籍。它系统地汇集了某方面的资料，按特定方法加以编排，专供需要时查阅。常见的工具书有字典、词典、百科全书、年鉴和手册等。工具书类书籍的装帧设计以字体为主，设计相对简约和固定。工具书类书籍装帧设计的表现方法有以下几点：

（1）直接用印刷文字或变形文字作为主要视觉元素来设计，图 1-39 所示的装帧设计中直接使用了文字作为主要视觉元素。

（2）采用比较醒目的色块搭配来设计，图 1-40 所示的装帧设计中使用了蓝色色块与红色背景搭配。

（3）版式比较简约固定，以体现工具书的条理性和易检索性。

（4）选用合适的机理和特殊材料来设计。

图 1-39　直接使用文字

图 1-40　使用色块

1.5.4　儿童读物类

儿童读物类书籍的装帧设计主要服务于少年儿童。因此儿童读物类书籍的装帧设计首先要考虑儿童对事物的理解及视觉心理的接纳程度。儿童心中充满了对世界的好奇与想象，所以此类书籍的装帧设计应丰富多彩。儿童读物类书籍装帧的表现方法有以下几点：

（1）开本丰富而独特。根据书籍的内容可设计新颖而特别的书籍外形和开本，如图 1-41 所示。

（2）采用精美、生动有趣的造型图片来吸引小读者，使之产生亲切感。

（3）书名文字多采用创意字体并与插图相协调。

（4）色彩设计鲜艳明快、对比强。构思、构图、造型巧妙活泼，符合少年儿童好奇多变的心理特征，如图 1-42 所示。

图 1-41　特殊的开本

图 1-42　色彩明艳、造型活泼

1.5.5 期刊类

期刊的内容是由多位作者的不同类型的文章组成的，定期出版。它涵盖的内容十分广泛，天文地理、人文史学和美容饮食等方面都有涉及，信息量大，内容丰富。期刊的封面设计形式感极强，注重图形的设计感及版式构成，期刊装帧设计的表现方法有以下几点：

（1）把与期刊内容相关的图片运用到封面上，如旅游类杂志就用具有代表性的风景图片进行设计，如图 1-43 所示。

（2）将丰富的期刊内容用各种不同形式的插图和抽象符号组合排版在一个版面上。

（3）以符号和文字为主进行设计，主要用于个性较强的期刊，以突出鲜明的设计感和给读者无限的想象空间。

（4）艺术处理和夸张表现，即将一些新颖而奇特的造型元素经过计算机软件的处理给人带来意想不到的视觉吸引力，如图 1-44 所示。

图 1-43 直接表现

图 1-44 艺术处理与夸张

1.6 书籍装帧设计的要求

书籍装帧设计的要求有很多，从设计的角度来说，要注意设计的整体性、艺术系、实用性和经济性。

1.6.1 整体性

为了获得好的书籍装帧效果，设计师需要从出版过程中各环节的协调要求和设计过程中由内到外的整体设计两方面考虑。

1. 书籍出版过程中各环节的协调要求

书籍装帧设计必须与书籍出版过程中的其他环节紧密配合、协调一致，更要在工艺选择、技术要求和艺术构思等方面具体体现出这种配合与协调。如在对材料、工艺、技术等做出选择和确定时，必须体现配套、互补、协调的原则；在艺术构思时，必须体现书籍内容与形式的统一、使用价值和审美价值的统一、设计创意高度艺术化与书籍或期刊内容主题内涵高度抽象化的统一等。

2. 对书籍从内到外地进行整体设计

要求进行书籍装帧设计时，其封面、护封、环衬、扉页、辑封、版式等都要进行整体考虑，不可分割。因为书籍装帧设计艺术，不仅仅指封面的图案设计，而且包括内文的传达和表现，以期在阅读过程中产生感染力。这就要求设计者在对书稿内容加以理解分析后，应提炼出需要用到设计上的文字、图形与符号，非常讲究地把书本的文字信息清晰、有层次而又富有节奏地表达出来。

1.6.2 艺术性

不仅要求整体设计充分体现艺术特点和独特创意，而且要求其具有一定的艺术风格。这种风格既要体现图书内容的内在要求，也要体现图书的不同性质和门类的特点。

艺术性原则还要求书籍装帧设计能够体现出一定的时代特色和民族特色。

☆ 提示

图书整体设计的时代性标志，是指设计的创意和效果能充分反映出时代精神和时代气派；民族性标志，是指图书整体设计的创意既能充分反映一个民族、一个国家的深厚文化底蕴，富有自身文化品格，同时又能兼容并蓄外来文化的精髓。

1.6.3 实用性

书籍的诞生首先是出于传播文化的阅读需要，它是为了使用而产生的。书籍形态的发展变化过程，都是一个随着社会的发展越来越适应需要、越来越利于实用的过程。

书籍装帧的实用价值体现在载录得体、翻阅方便、阅读流畅、易于收藏。书籍装帧设计的诞生与发展，永远是把实用性摆在第一位的。

实用性要求图书整体设计时必须充分考虑不同层次读者使用不同类别图书的便利，充分考虑读者的审美需要，充分考虑审美效果对提高读者阅读兴趣的导向作用。

实用性表现在图书整体设计的每一个方面，如版面设计的实用性体现在如下几点。

（1）减轻读者的视力疲劳：人眼最大有效视角角度左右为 160°，上下为 65°，最适合眼球肌肉移动的视角角度左右为 114°，上下为 60°。所以，版式设计时，人的最佳视域应以100mm左右（相当于10.5磅字27个）为宜。有实验表明，行长超过120mm，阅读速度将会降低5%。

（2）顺应读者心理：让读者在自然而然的视线的流动中，轻松、流畅和舒服地阅读图书的内容。

（3）诱导读者阅读：如设计中对强调与放松、密集与疏朗、实在与空白、对比与谐调及黑白灰、点线面的运用。

1.6.4 经济性

图书整体设计不仅必须充分考虑图书阅读和鉴赏的实际效果，而且必须兼顾两个方面效益的比差：一是所需资金投入与带来实际经济效益的比差；二是设计方案导致的图书定价与读者的承受心理和承受能力的比差。

1.7 书籍装帧设计常用软件

现代书籍装帧设计通常会借助计算机软件，比较常用的设计软件有Adobe公司的Photoshop、Illustrator和InDesign，Corel公司的CorelDRAW等。

1.7.1 Photoshop

Photoshop主要处理以像素所构成的数字图像。使用其众多的编修与绘图工具，可以有效地进行图片编辑工作。Photoshop有很多功能，在图像、图形、文字、视频和出版等各方面都有涉及。

在书籍装帧设计中，Photoshop主要作为辅助软件使用，常被用来处理和优化书籍中的图片和设计书籍封面等操作，图1-45所示为Photoshop CC 2019的启动界面和工作界面。

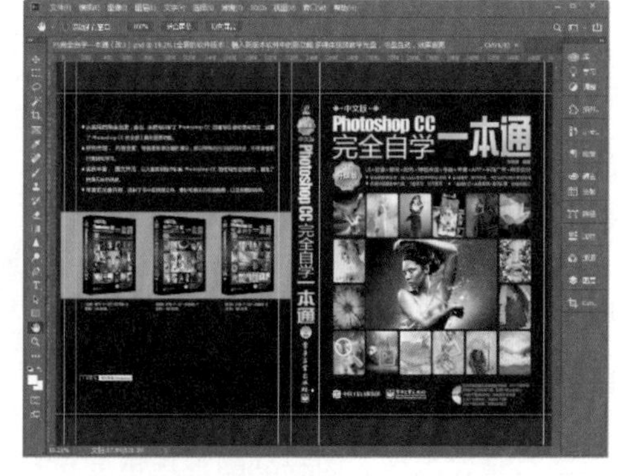

图1-45 Photoshop CC 2019的启动界面和工作界面

☆ 提示

Photoshop 的默认存储格式为 psd 格式，psd 格式可以保存几乎所有的操作过程和结果，以便于设计师多次编辑和修改。在书籍装帧设计时，通常需要将设计文件保存为 tif 或 pdf 格式，以便印刷或被其他软件使用。

1.7.2 Illustrator

Illustrator 是一款适量绘图工具和排版工具。被广泛应用于印刷出版、海报及书籍排版、专业插画、多媒体图像处理和互联网页面的制作等，也可以为线稿提供较高的精度和控制， 适合制作各种不同要求的项目。

在书籍装帧设计中，Illustrator 除了可以用来绘制插图外，也可以用来设计制作封面和页面版式，还可以用来完成一些页面较少的书籍的排版工作。图 1-46 所示为 Illustrator CC 的启动界面和工作界面。

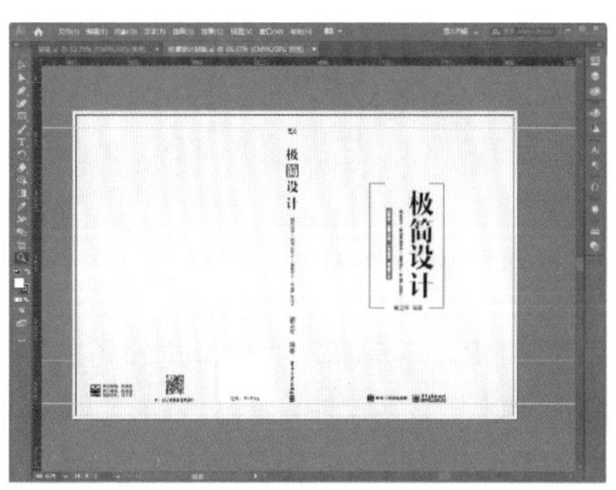

图 1-46 Illustrator CC 2019 的启动界面和工作界面

☆ 提示

Illustrator 的默认存储格式为 ai 格式，为了保证最终的文件能够被印刷供其他软件使用，通常会将文件保存为 eps 格式或 pdf 格式。

1.7.3 InDesign

InDesign 是一款桌面出版的应用程序，主要用于各种印刷品的排版编辑。它最初主要适用于定期出版物、海报和其他印刷媒体。随着相关数据库的合并，InDesign 和使用相同格式引擎的文字处理软件 Adobe InCopy 的共用，已经使它成为报刊杂志和其他出版环境中的重要软件。

InDesign 可以将文档直接导出为 Adobe 的 pdf 格式，而且有多语言支持。它也是第一个支持 Unicode 文本处理的主流 DTP 应用程序，率先使用新型 OpenType 字体，并且能与兄弟软件 Illustrator、Photoshop 等完美结合，图 1-47 所示为 InDesign CC 2019 的启动界面和工作界面。

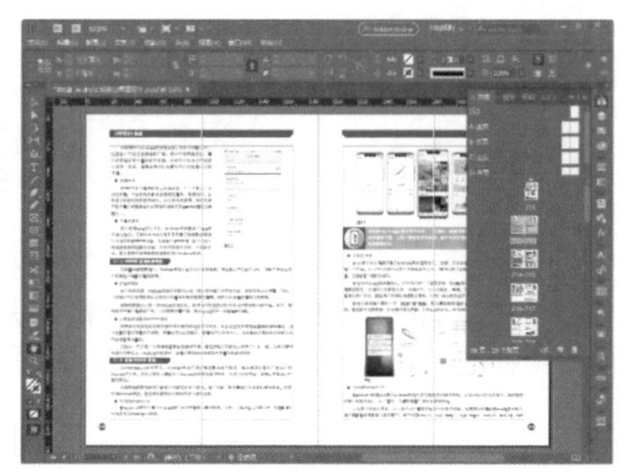

图 1-47　InDesign CC 2019 的启动界面和工作界面

☆ 提示

InDesign 默认格式为 indd。但是低版本的软件不能直接打开高版本生成的 indd 文件。可以将文件保存为 idml 格式，以供 InDesign CS4 以上版本软件打开使用。

1.7.4　CorelDRAW

CorelDRAW 是加拿大 Corel 公司的平面设计软件；该软件是 Corel 公司出品的矢量图形制作工具软件，这个图形工具给设计师提供了矢量动画、页面设计、网站制作、位图编辑和网页动画等多种功能。

使用 CorelDRAW 可以完成简报、彩页、手册、产品包装、标识和网页的设计制作；该软件提供的智慧型绘图工具以及新的动态向导可以充分降低用户的操控难度，允许用户更加容易精确地创建物体的尺寸和位置，减少点击步骤，节省设计时间，图 1-48 所示为 CorelDRAW 2018 的启动界面和工作界面。

图 1-48　CorelDRAW 2018 的启动界面和工作界面

1.8 举一反三——品鉴两款不同的封面设计

通过学习本章的相关知识点，读者应该对书籍装帧设计有了一个初步的认识。下面利用所学知识和经验，来分别品鉴一下《识骨窥心》和《大世小界》两本书籍的不同封面设计。

Step01 从书籍装帧设计的整体性和艺术性来判别两款不同封面设计的优劣，如图 1-49 所示。

Step02 从书籍装帧的构图、颜色和美观度来评判两款不同的封面各自的优缺点，如图 1-50 所示。

图 1-49　不同的书籍装帧设计

图 1-50　书籍装帧设计

1.9 本章小结

本章针对书籍装帧设计的基础知识进行了讲解，带领读者学习了书籍的概念、书籍的起源和发展，以及我国的书籍装帧发展。同时对书籍的结构、装帧形式、现代书籍的类型、书籍装帧设计的要求和设计装帧常用软件也进行了讲解，帮助读者了解书籍装帧的基础知识，为后面章节的学习打下基础。

第2章

书籍装帧设计中的元素

本章主要内容

“装帧”的本意是指将一本书稿在印刷之前，将其多帧页面装订在一起，且对其形态、材质和制作方法等内容进行艺术创作和工艺设计，最终组合成书面的形式。而书籍装帧设计包括很多元素，其中图像、文字、色彩和图形是其最直观的视觉构成元素。本章将向读者介绍图形、文字和图形这些最基本的元素。

2.1 制作书籍的材料

制作书籍的材料有时也是一种语言，它通过触感将书籍纸张与人的感知相连通，使触摸纸张的人类从中获取相应信息，图 2-1 所示为读者与书籍材料的接触。

图 2-1　读者与书籍材料的接触

书籍的制作材料是除了书籍封面以外，读者对一本书籍最直观的印象之一。选择合适的制作材料，可以带给读者良好的产品印象，同时，也能体现出这本书籍的使用性与艺术性，图 2-2 所示为采用两种不同材料制作完成的书籍装帧设计。

图 2-2　采用不同材料的书籍装帧设计

书籍材料是指能够表现出图像和文字信息的一种物质载体，它的呈现形式也具有多样化的特点。具体来说就是书籍材料可以是标准的纸张，如图 2-3 所示；也可以是具有不同纹理和花样的特制纸张；还可以是硬质的纸张，如图 2-4 所示。

图 2-3　标准纸张

图 2-4　硬质纸张

纤维、木材、织物类、金属和 PVC 等材质都可以被书籍的装帧设计所采用，并且有的书籍装帧设计还会采用多种材质制作，图 2-5 所示为织物类材质和木质材质的书籍装帧设计。

织物类材质

木质材质

图 2-5　不同材质的书籍装帧设计

☆ 小技巧：常见纸张分类

最常见的书籍纸张包括铜版纸、道林纸、模造纸、印书纸、画图纸、招贴纸、打字纸、圣经纸、邮封纸、香烟纸、格拉辛纸和新闻纸等。

在书籍装帧设计中印刷材料的选择具有一定的规范，即书籍装帧设计的表现形式需要符合印刷材料自身的物理特性。

如果想要设计一本具有历史意义的书籍，就需要选择一些看起来具有年代感效果的纸张。包含年代感效果的纸张有新闻纸、灰卡纸、牛皮纸、轻涂纸和胶版纸等。不同质感的纸张会让读者体验到不同的书籍装帧效果，图 2-6 所示为两种具有年代感效果的纸张。

牛皮纸

灰卡纸

图 2-6　具有年代感效果的纸张

2.2 书籍纸张种类及特点

纸是指常被用以书写、印刷、绘画或包装的片状纤维制品。纸从发明至今，经过不断的创新与改革，种类日益繁多。纸张的多样化可以为书籍装帧设计提供丰富的材料保障，以下进行详细介绍。

2.2.1 胶版纸

胶版纸主要为胶印印刷机或其他印刷机印制高级彩色印刷品时使用，例如，印制单色或多色的书刊封面、正文、插页、画报、地图、宣传画、彩色商标和各种包装品等。

胶版纸按纸浆料的配比分为特号、1 号和 2 号 3 种，具有较高的强度和适印性能，并有单面和双面之分，同时还有超级压光与普通压光两个等级，图 2-7 所示为胶版纸的应用。

图 2-7 胶版纸的应用

☆ 小技巧：胶版纸的特点

因为胶版纸的伸缩性小，所以它对油墨的吸收比较均匀；又因为它的平滑度较好，给人的感觉就是质地紧密不透明；白度高，体现在它的抗水性能比较强。

胶版纸在印刷时需要选用结膜型胶印油墨或质量较好的铅印油墨，并且油墨的黏度不宜过高，否则会出现脱粉和拉毛等现象，同时还要防止背面粘脏，一般采用加防脏剂、喷粉或夹衬纸等方法预防胶版纸在印刷时的背面粘脏。

2.2.2 铜版纸

铜版纸是在原纸上涂上一层白色浆料，经过压光而制成，所以它又被称为涂料纸。铜版纸主要用于印刷画册、封面、明信片、精美的样本以及彩色商标等。铜版纸分为单、双面两类，图 2-8 所示为铜版纸的应用。

图 2-8　铜版纸的应用

☆ 小技巧：铜版纸的特点

因为铜版纸的白度较高，所以纸张表面光滑；又因为纸质纤维分布均匀，所以厚薄一致；同时纸张的伸缩性小，使其拥有较好的弹性和较强的抗水性能，这让油墨的吸收性与接收状态保持稳定。

铜版纸印刷时压力不宜过大，要选用胶印树脂型油墨以及亮光泊。同时可以采用加防脏剂、喷粉等方法，防止铜版纸在印刷时背面粘脏。

2.2.3　特种纸

特种纸是具有特殊用途的、产量比较小的纸张。特种纸的种类繁多，是各种特殊用途纸或艺术纸的统称。为了简化品种繁多而造成名词混乱的情况，也将压纹纸等艺术纸张统称为特种纸。

• 凸版纸

因为凸版纸是凸版印刷书籍、杂志时的主要用纸，所以凸版纸主要供凸版印刷使用。凸版纸的特性与新闻纸的特性相似，但又不完全相同。由于它的纸浆料配比要优于新闻纸，所以凸版纸的纤维组织比较均匀，同时纤维间的空隙又被一定量的胶料所充填，再经过漂白处理，这使得凸版纸的纸张对印刷具有较好的适应性，图 2-9 所示为凸版印刷效果。

图 2-9　凸版印刷

☆ 提示

与新闻纸略有不同，凸版纸的吸墨性虽不如新闻纸好，但它具有吸墨均匀的特点，抗水性能及纸张的白度均好于新闻纸。凸版纸具有质地均匀、不起毛、略有弹性和不透明等特性，稍有抗水性能，有一定的机械强度。

• 新闻纸

新闻纸也叫白报纸，是报刊及杂志的主要用纸，同时它也可作为课本、传单和连环画等正文用纸。

新闻纸具有纸质轻、弹性好和吸墨性能好的特性，这些特点可以保证油墨能较好地固定在纸面上，同时纸张经过压光后两面平滑，不起毛，这使纸张两面印迹都比较清晰且饱满。新闻纸有一定的机械强度，同时不透明性能还好，非常适合高速轮转机印刷，图 2-10 所示为新闻纸的应用。

☆ 提示

新闻纸是以机械木浆(或其他化学浆)为原料生产的,含有大量的木质素,具有可以长期存放、纸张不会发黄变脆、抗水性能好和宜书写等特点。

• 字典纸

字典纸是一种高级的薄型书刊用纸。字典纸薄且强韧耐折，纸面洁白细致，质地紧密平滑，稍微透明，有一定的抗水性能。

字典纸主要用于印刷字典、辞书、手册、经典书籍及页码较多、要求方便携带的书籍。字典纸对印刷工艺中的压力和墨色有较高的要求，因此印刷时在工艺上必须特别重视，图 2-11 所示为字典纸的应用。

图 2-10　新闻纸的应用

图 2-11　字典纸的应用

• 白卡纸

白卡纸的伸缩性小，且韧性较强，所以折叠时不易断裂。白卡纸主要用于印刷

包装盒和商品装潢。在书籍装帧设计中，白卡纸常被用作简装书、精装书的里封和精装书的径纸（书脊条）等。

白板纸按纸面分为粉面白板纸与普通白板纸两大类；按底层分类有灰底与白底两种，图 2-12 所示为白底白卡纸。

• 瓦楞纸

瓦楞纸是由挂面纸和通过瓦楞辊加工而形成的波形的瓦楞纸黏合而成的板状物。瓦楞纸一般被分为单瓦楞纸板和双瓦楞纸板两类，并且按照瓦楞的尺寸可分为 A、B、C、E、F 五种类型，图 2-13 所示为瓦楞纸。

图 2-12　白卡纸

图 2-13　瓦楞纸

☆ 小技巧：瓦楞纸的特点

瓦楞纸的发明和应用已有百年历史，具有成本低、质量轻、易加工、强度大、印刷适应性优良和储存搬运方便等优点。因为 80% 以上的瓦楞纸都可以回收再生，所以瓦楞纸被广泛用作食品或者数码产品的包装，这样使包装环境相对环保，也减少了有害垃圾的产生。

• 牛皮纸

牛皮纸是坚韧耐水的包装用纸，它的颜色呈现为棕黄色。因为牛皮纸具有很大的拉力，所以用途很广，日常生活中常被用于制作纸袋、信封、作业本、唱片套、卷宗和砂纸等。牛皮纸有单光、双光、条纹和无纹 4 个种类，图 2-14 所示为牛皮纸的应用。

图 2-14　牛皮纸的应用

2.3 书籍装帧中的图像

图像是事物客观形象的静态描述或写真，也是纸质媒体活动中最常用的信息载体。图像也可解释为具有视觉效果的静态画面，具体形式包括相片、底片、书籍、投影仪和屏幕映射等。在书籍装帧设计中，图像多指摄影图片、卡通形象、绘画作品和计算机绘图等。

图像是可以直接反映书籍内容的信息载体，同时它也是书籍风格与时代特征的直观展现。在书籍装帧设计的过程中，设计师要根据书籍的内容属性和阅读人群对图像进行筛选、编辑和排版设计，使设计师所用图像呈现给读者时保质保量，图2-15所示为拥有图像的精美装帧设计。

图2-15　精美的书籍装帧设计

2.3.1　巧用黑色图像

在所有色彩中，黑色可以吸收一切可见光并且不会反射。黑色象征着庄严和沉重，具有空洞和虚无的视觉效果。

因为在一片漆黑的氛围中，人类的探索欲望会被无限放大，所以拥有黑色装帧设计的书籍，会被拥有好奇心的大多数读者所吸引。黑色的书籍装帧设计可以增强画面整体的神秘感，给人无穷的想象空间。

图2-16所示为黑色的书籍装帧设计，设计中使用了大片的黑色，搭配白色和红色的文字。这样营造出来的画面，从整体观感上来看，给人以完整、深邃和时尚的视觉感受。由于封面中的街巷是从黑到白展现给读者，封面与整体相融洽，同时加深了封面对读者的吸引力。

☆ 提示

一款好的书籍装帧设计既要注重书籍的知识范围与阅读人群，还要考虑多数购买者的审美习惯。同时，书籍装帧设计更应该体现时代风格与民族特点，从而提升书籍整体的阅读价值，并进一步将其转化为购买力。

图 2-16 黑色的书籍装帧设计

2.3.2 统一图像色调

书籍装帧设计中的图像色调必须与书籍整体设计风格相统一，但是也不能让书籍装帧设计显得单调。

微视频

☆练一练——设计制作《旧街印象》的封面☆

源文件：第 2 章 \2-3-2.psd　　　　视频：第 2 章 \2-3-2.mp4

素材

• 设计分析

本案例是设计制作书籍《旧街印象》的封面，因为书籍主体内容是对一些历史悠久的古巷旧街进行相关介绍，因而选用了代表庄严、沉重和空洞的黑色作为封面的主题色。

封面中黑色色调的图像铺满了整个页面，图像中包含了黑色的古巷旧街、亮白的灯光和照亮前路的车灯，组成了一幅犹如从时光隧道中穿梭而过的画面，为读者渲染无尽的吸引力，如图 2-17 所示。

图 2-17 图像效果

• 制作步骤

Step01 打开 Photoshop CC 2020 软件的欢迎面板，单击“新建”按钮，设置新建文档的各项参数，如图 2-18 所示。使用组合键 Ctrl+R 调出标尺，执行“视图”→“新建参考线”命令，在弹出的“新建参考线”对话框中设置参数，如图 2-19 所示。

图 2-18　新建文档

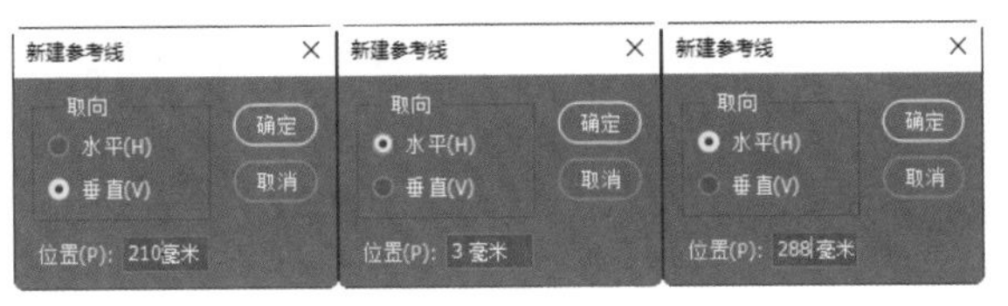

图 2-19　设置参考线参数

Step02 设置完成后单击“确定”按钮，创建的参考线如图 2-20 所示。执行“文件”→“打开”命令，打开名为“22201.jpg”的素材图像，单击工具箱中的“移动工具”按钮，在图像上按下鼠标左键拖曳至设计文档中，如图 2-21 所示。

图 2-20　参考线

图 2-21　添加素材图像

☆ 提示

在单独设计封面时，因为封面和书脊相连接，所以读者只需要为页面的上方、下方、右方设置出血线，方便后期印刷和裁剪。

Step03 单击“图层”面板底部的“创建新的填充或者调整图层”按钮，在弹出的快捷菜单中选中“黑白”选项，在“属性”面板中设置参数如图 2-22 所示。设置完成后，图像效果如图 2-23 所示。

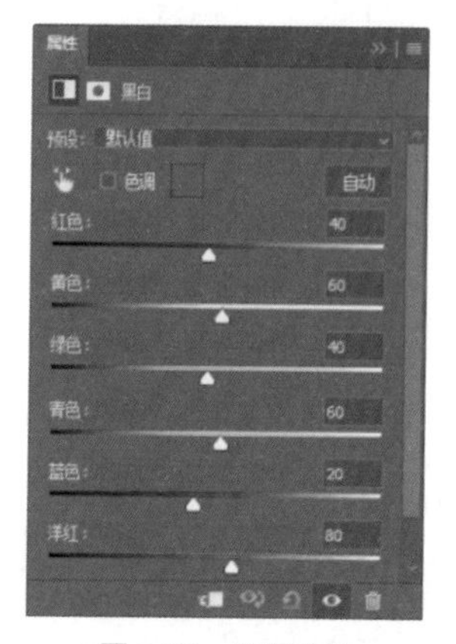

图 2-22　设置参数

图 2-23　图像效果

Step 04 单击“图层”面板底部的“创建新图层”按钮，设置前景色为黑色，单击工具箱中的“画笔工具”按钮，适当调整画笔笔触大小，在画布中绘制如图 2-24 所示效果。

Step 05 单击“图层”面板底部的“创建新图层”按钮，设置“画笔工具”的“绘画模式”为“溶解”，继续使用“画笔工具”在画布中绘制黑色颗粒状图像，图像效果如图 2-25 所示。

图 2-24　黑色图像

图 2-25　黑色颗粒状图像

☆ 提示

使用“画笔工具”设置不同的绘画模式，可以让“画笔工具”涂抹出来的图像效果更加自然，与黑色的柏油马路更好地融合。

Step 06 打开“字符”面板，设置字符参数如图 2-26 所示。单击工具箱中的“横排文字工具”按钮，在画布中单击输入如图 2-27 所示文字内容。

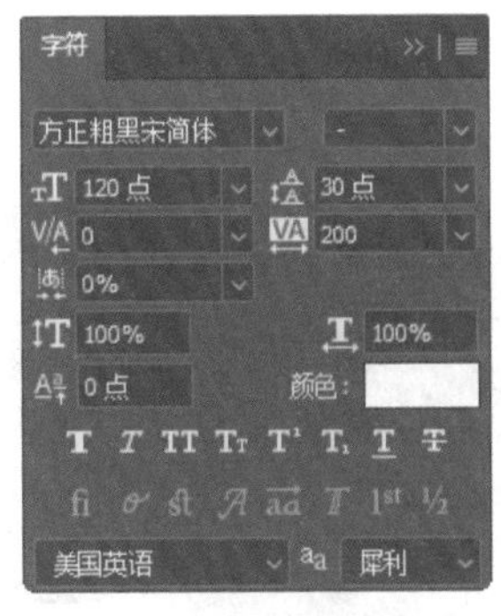

图 2-26 设置字符参数

图 2-27 输入文字

Step07 打开“图层”面板，将选中的文字图层拖曳到“创建新图层”上方复制图层，隐藏原本的图层，如图 2-28 所示。使用组合键 Ctrl+T 调出定界框，在文字上方右击，弹出快捷菜单并选择“水平翻转”选项，如图 2-29 所示。

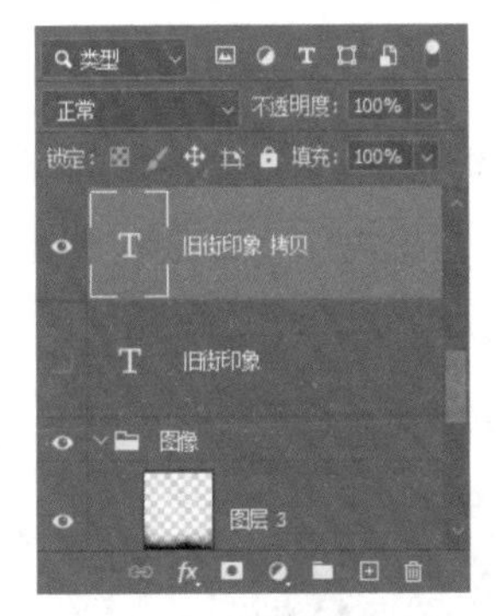

图 2-28 复制图层

图 2-29 翻转文字

Step08 执行“文字”→“转换为形状”命令，图像效果如图 2-30 所示。打开“图层”面板，双击文字形状图层的缩览图，在弹出的“图层样式”对话框中选择“描边”选项，设置参数如图 2-31 所示。

图 2-30 转换为形状

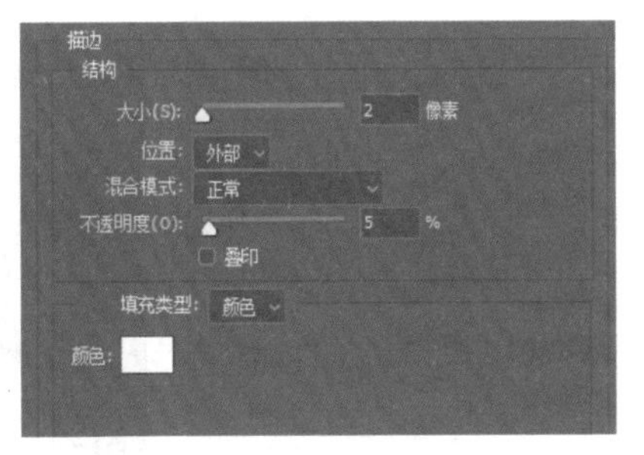

图 2-31 设置图层样式参数

Step09 设置完成后，在打开的“图层”面板中设置图层“填充”值为 0，如图 2-32 所示。文字形状图层的图像效果如图 2-33 所示。

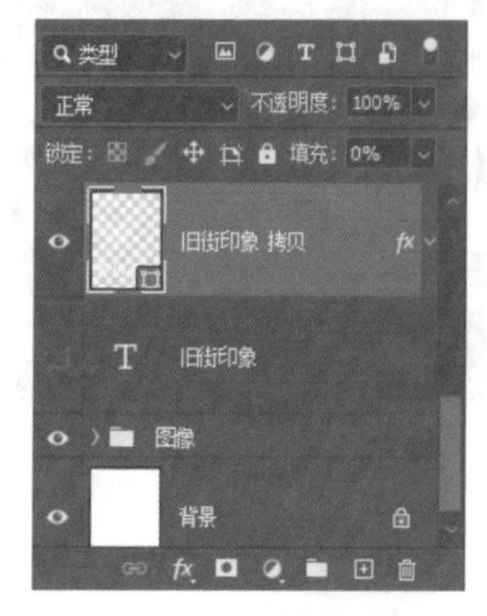

图 2-32 设置填充值

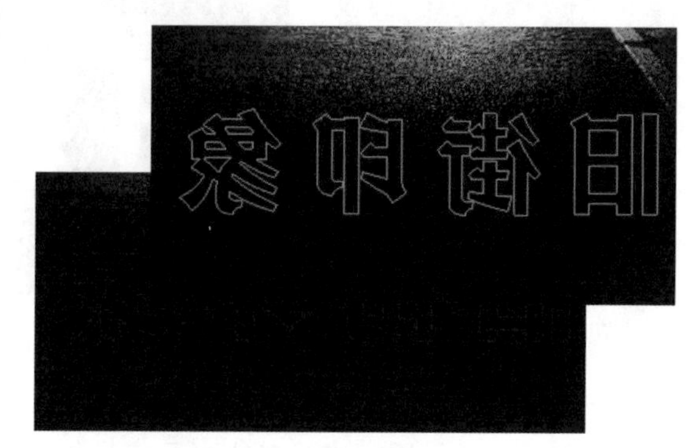

图 2-33 图像效果

Step10 打开“字符”面板，设置字符参数如图 2-34 所示。单击工具箱中的“横排文字工具”按钮，在画布中单击输入文字内容，如图 2-35 所示。

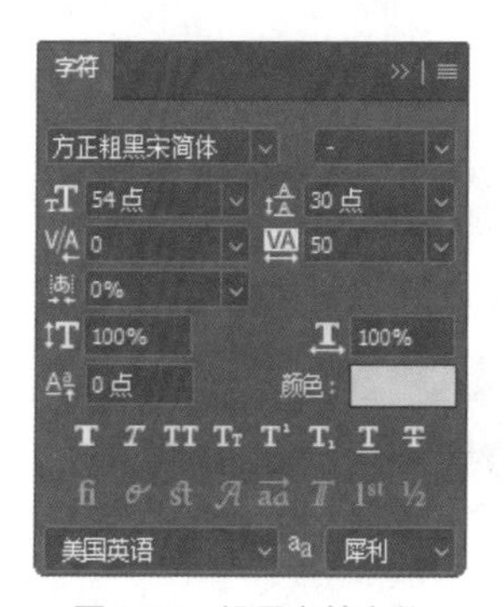

图 2-34 设置字符参数

图 2-35 输入文字

Step11 新建图层，打开“字符”面板，设置字符参数如图 2-36 所示。单击工具箱中的“横排文字工具”按钮，在画布中单击输入文字内容，如图 2-37 所示。

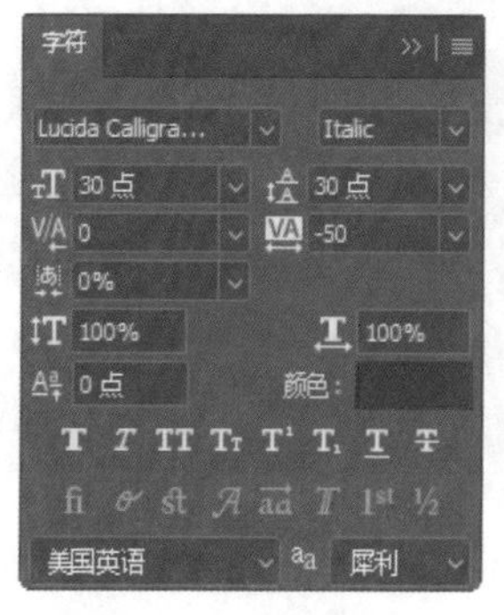

图 2-36 设置字符参数

图 2-37 输入文字

Step 12 新建图层，打开“字符”面板，设置字符参数如图 2-38 所示。单击工具箱中的“横排文字工具”按钮，在画布中单击拖曳创建文本框并输入文字内容，如图 2-39 所示。

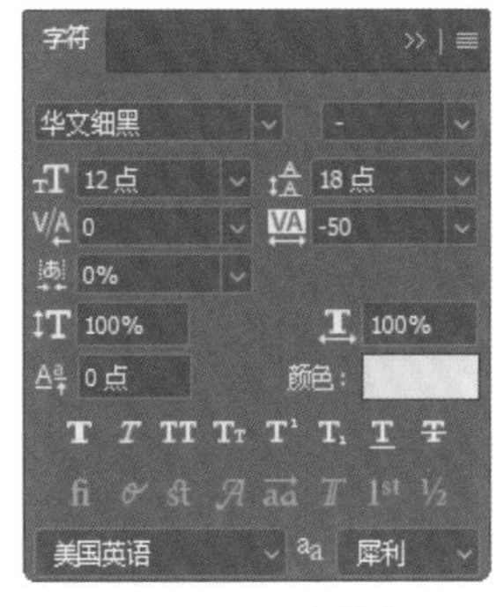

图 2-38　设置字符参数

图 2-39　输入文字

Step 13 使用步骤 11 ～步骤 12 的相同方法，完成其他文字内容的录入，如图 2-40 所示。封面制作完成后，书籍《旧街印象》的完整封面效果如图 2-41 所示。

图 2-40　输入其他文字

图 2-41　封面图像效果

☆ 提示

书籍《旧街印象》的封面整体以黑白色调为主，虽然可以给予读者和谐统一和完整的封面印象，但未免过于单调，因此，为白色的中文书籍名称搭配红色的英文名称，用以丰富书籍封面设计。

2.4 书籍装帧中的文字

在书籍装帧设计中，文字是书籍的灵魂和精髓。使用文字可以更详细和清晰地传递书籍的中心思想和书籍内容。

文字是记载思路、交流信息、承载语言、图像和符号的表现工具，也是传递信息的重要工具之一，还是人们思维表达的视觉传达工具，更是人们不可或缺的文化蕴含记录者。

“文字”一般指书面文字、语言、文章和独体字等视觉形式符号，具有表达视觉图案的信息性和可视性。同时，文字在表达信息方面更加清晰明确，并且具有可以反复阅读、突破时间与空间等特点。

在书籍装帧设计中，文字也是基础的设计元素值之一。虽然文字是最基础的设计元素，但同时它也是不可或缺地存在。

2.4.1 封面中的文字

在书籍封面设计中，封面文字形式主要包括书名、作者名、书籍简介和书版式名，书名还可以包含丛书名和副书名，如图 2-42 所示。这些文字在封面中的作用各不相同，因此在封面设计时需要主次分明。

图 2-42 文字形式

书籍封面设计多以图文并茂的形式存在，不同作用的文字，排版必须层次分明、错落有致，使其具有较强的可视性，同时增强书籍装帧中文字的功能性和视觉特点，如图 2-43 所示。

☆ 提示

书籍装帧中的封面设计主要以书名为主，因此书名一般是封面设计中的视觉中心。书名形态的大小、疏密、轻重和色彩等都会进入读者视线，为读者提供象征提示让其产生联想，并最终促使其进行消费。

图 2-43　图文并茂的书籍封面

☆练一练——设计制作书籍《极简设计》的书皮☆

源文件：第 2 章 \2-4-1.psd　　　　　视频：第 2 章 \2-4-1.mp4

微视频

素材

• 设计分析

本案例设计制作书籍《极简设计》的封面，书籍内容是介绍极简风格设计的，所以使用了代表简约、整洁和冷寂的淡绿色为主题色。

整个封面只包含了几种不同字形的文字、极细的直线和细长的红色矩形。这些元素都集中在了封面的中心，可以让读者第一时间注意到这些信息。这样的设计非常符合极简化的风格设计，完成效果如图 2-44 所示。

图 2-44　书籍《极简设计》的装帧设计

• 制作步骤

Step 01 打开 Illustrator CC 软件的欢迎面板，单击“新建”按钮，设置新建文档的各项参数，如图 2-45 所示。单击工具箱中的“矩形工具”按钮，在画布中单击拖曳创建矩形，如图 2-46 所示。

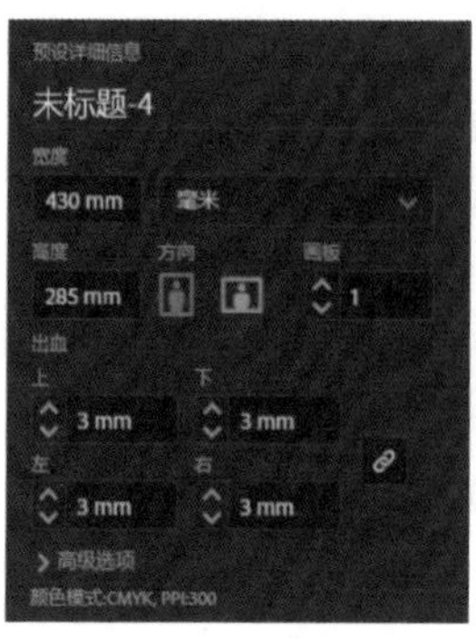

图 2-45　新建文档

图 2-46　创建矩形

Step02 使用组合键 Ctrl+R 调出标尺，单击工具箱中的“选择工具”按钮，单击标尺并向右拖曳，连续创建如图 2-47 所示参考线。使用相同方法完成其他参考线的创建，如图 2-48 所示。

图 2-47　创建参考线

图 2-48　其他参考线

☆ 提示

使用 Illustrator CC 2020 制作书籍装帧，在新建文件时可以直接设置出血值。如果还需要其他的定位功能，就必须使用参考线来定位。

Step03 打开“字符”面板，设置字符各项参数。单击工具箱中的“文字工具”按钮，在画布中单击拖曳创建文本框，输入如图 2-49 所示的黑色文字。

Step04 打开“字符”面板，设置字符各项参数。单击工具箱中的“文字工具”按钮，在画布中单击拖曳创建文本框，输入如图 2-50 所示的黑色文字。

Step05 打开“字符”面板，设置字符各项参数，单击工具箱中的“文字工具”按钮，在画布中单击拖曳创建文本框并输入如图 2-51 所示的白色文字。单击工具箱中的“矩形工具”按钮，在画布中绘制如图 2-52 所示的红色矩形。

Step06 单击工具箱中的“直线工具”按钮，在画布中创建如图 2-53 所示的直线。打开“字符”面板，设置字符各项参数如图 2-54 所示。

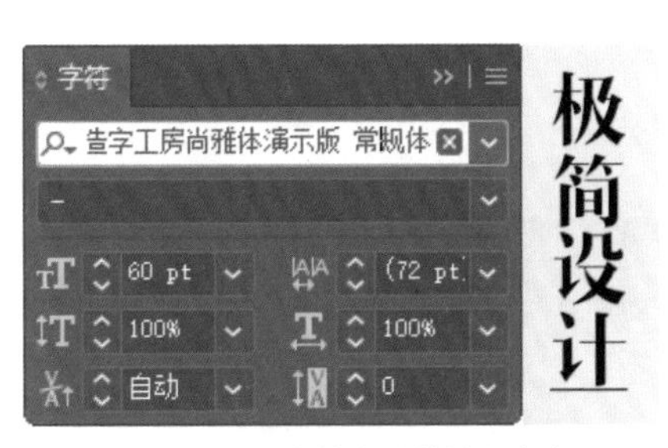

图 2-49　设置字符参数并输入文字 1

图 2-50　设置字符参数并输入文字 2

图 2-51　设置字符参数并输入文字 3

图 2-52　创建矩形

图 2-53　创建直线段

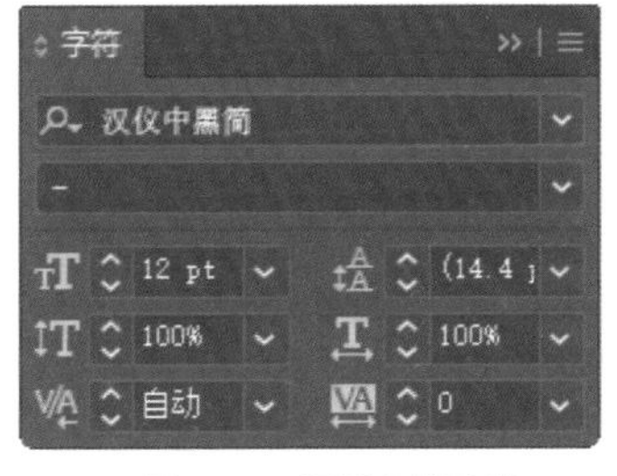

图 2-54　设置字符参数

Step 07 使用“横排文字工具”在画布中单击输入如图 2-55 所示的文字内容。单击工具箱中的“钢笔工具”按钮，在画布中连续单击创建不规则路径，使用相同方法完成相似内容的制作，如图 2-56 所示。

图 2-55　输入文字

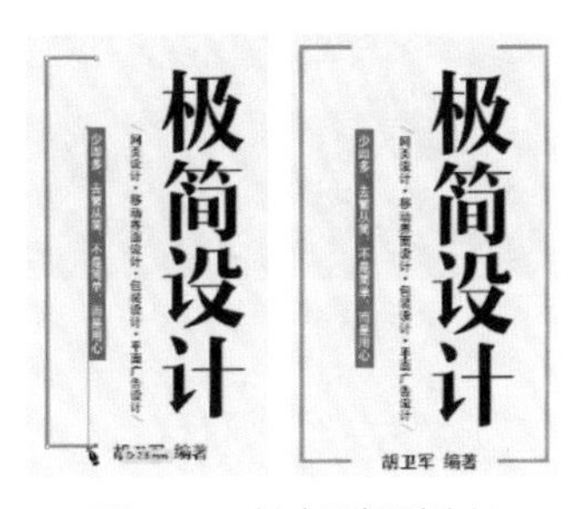

图 2-56　创建不规则路径

Step 08 使用“文字工具”在画布中单击并输入文字内容，如图 2-57 所示。打开“字符”面板，设置两种字体的字符参数如图 2-58 所示。

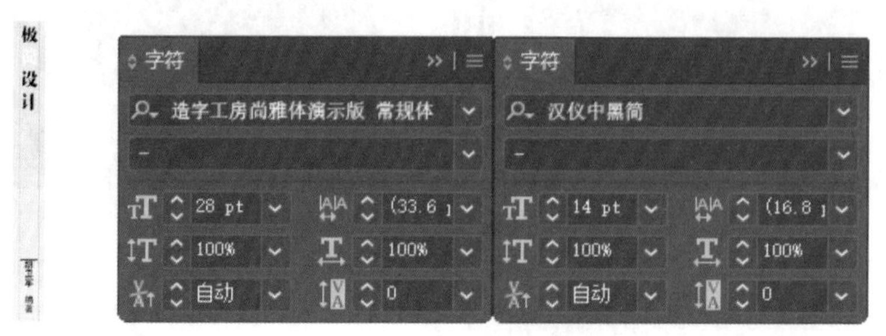

图 2-57　输入文字　　图 2-58　设置字符参数

Step 09 打开“字符”面板，设置字符各项参数。单击工具箱中的“文字工具”按钮，在画布中单击拖曳创建文本框并输入黑色文字，如图 2-59 所示。使用“圆角矩形工具”在画布中创建如图 2-60 所示的白色圆角矩形。

图 2-59　设置字符参数并输入文字

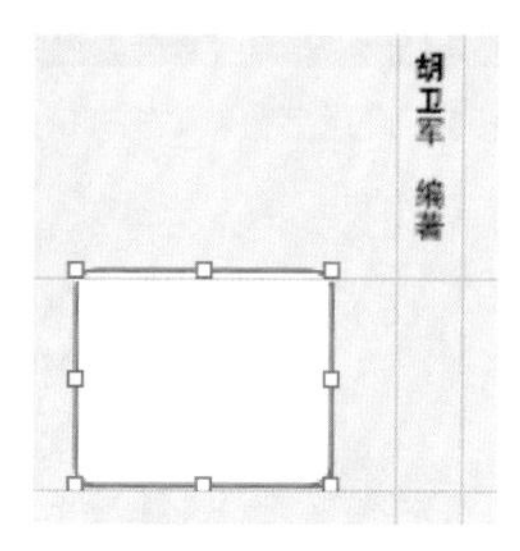

图 2-60　创建圆角矩形

Step 10 打开“字符”面板，设置各项字符参数如图 2-61 所示。单击工具箱中的“文字工具”按钮，在画布中单击拖曳创建文本框并输入黑色文字，如图 2-62 所示。

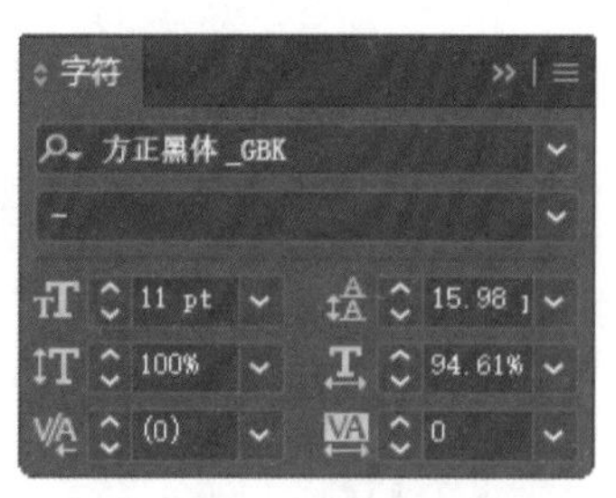

图 2-61　设置字符参数

图 2-62　输入文字

Step 11 打开“字符”面板，设置字符各项参数如图 2-63 所示。单击工具箱中的“文字工具”按钮，在画布中单击拖曳创建文本框并输入黑色文字，如图 2-64 所示。

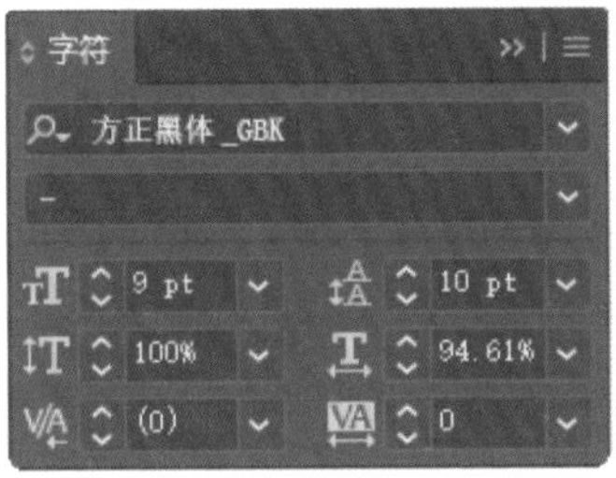

图 2-63 设置字符参数

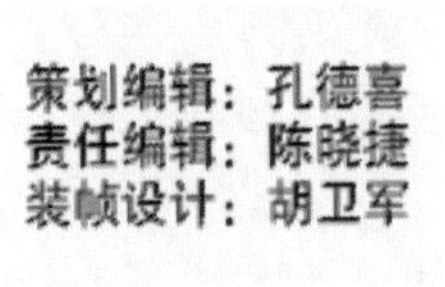

图 2-64 输入文字

Step 12 执行“文件”→“打开”命令，打开素材图像。使用“选择工具”将其拖曳到设计文档中，如图 2-65 所示。使用相同方法完成相似内容的制作，图像效果如图 2-66 所示。

图 2-65 添加素材

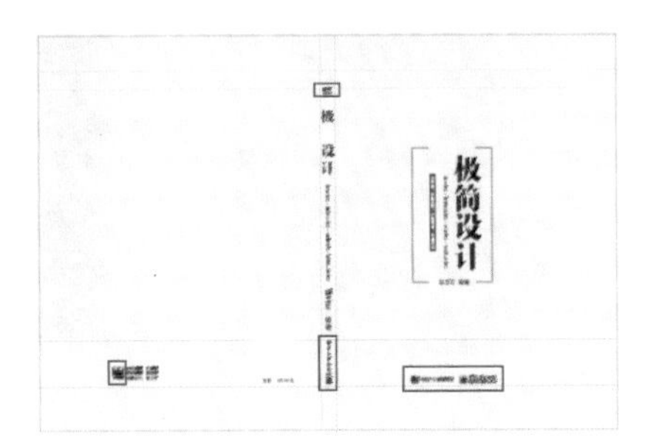

图 2-66 图像效果

☆ 提示

不同出版单位对封面的设计有不同的要求，在开始设计前，要充分沟通，获得设计规范和设计资源后再开始设计制作。避免不必要的反复修改。

2.4.2 版心中的文字

文字是构成版心内容不可或缺的元素，图 2-67 所示为版心中分布的文字形式。为了方便读者阅读，不同的文字形式有不同的设计要求。不同的文字形式在设计上应该具有明显的特点加以区分，图 2-68 所示为版心中的文字。

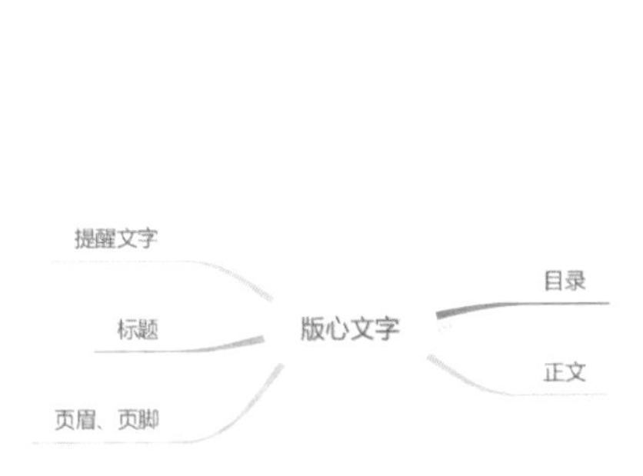

图 2-67 版心中的文字形式

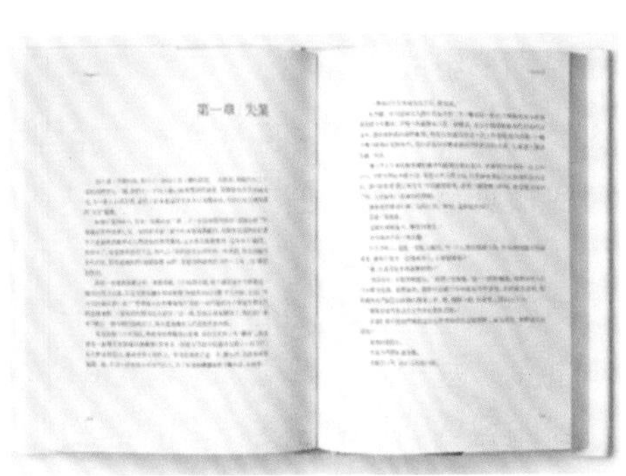

图 2-68 版心中的文字

2.4.3 艺术文字

如果想要在封面中使用艺术字，读者就必须灵活运用点、线、面的设计知识将人物或物体的形象剪影化，并以主题情景填充，进而深化主题，增强书籍的视觉印象。

艺术文字的编排可以位于封面下方的黄金分割线处，可以使书籍封面具有浪漫且艺术的视觉特征。同时可以运用大面积的色彩增强书籍的神秘感与好奇感，图 2-69 所示为使用了艺术字的书籍装帧设计。

图 2-69　使用了艺术字的书籍装帧设计

2.5 书籍装帧中的图形

图形即在二维空间内可以用轮廓或线条对空间进行形状划分，形成的图绘形象。是几何平面图形的简称。对于书籍装帧设计来说，图形也是常常使用到的元素之一。

2.5.1 图形的概念

图形可以精确地描绘物体的轮廓、形状或外部的界限。图形与图像具有相似之处，但图形多为矢量图，即由软件绘制而成的矩形、圆形、线条或图表等二维平面视觉元素；而图像多指通过某种设备对实际现象进行捕捉所得到的影像，图 2-70 所示为各种图形组成的图像。

图 2-70　图形效果

对于书籍装帧设计，图形的应用是必不可少的视觉元素之一，且多数会被反复运用。使用图形能够进行视觉流程与分割型构图等编排设计，可以使书籍装帧作品产生较强的形式感与视觉感染力。

☆ 小技巧：图形的可塑性

图形具有较强的可塑性，在书籍装帧设计过程中，设计师可以通过书籍内容的情感方向对图形进行相应的创作设计，使其全面为书籍装帧服务，从而展现书籍的主要思路，并给读者留下极具美感的视觉印象。

2.5.2 使用常规图形

书籍装帧设计如果以图形为主的话，设计师可以将封面以图形填充并作为视觉中心点，这样的设计具有集聚视线的作用，使读者一眼定位于书籍本身，增强了书籍的视觉效果。

书籍封面的颜色可以选用白色和灰色等中性色作为背景色，并运用红色和蓝色等对比色形成鲜明对比，给读者强烈的视觉冲击，图 2-71 所示为使用了常规图形制作书籍封面。

图 2-71 书籍装帧使用常规图形

☆ 提示

如果书籍封面的重心位于封面的黄金分割处，那么设计师可以在封面中与黄金分割处相呼应的位置处添加任意元素，使封面看起来更加和谐和舒适，同时让书籍封面达到视觉统一的美感。

书籍封面中的图形与文字应该进行巧妙的搭配，贵精不贵多，这样可以使书籍封面形成简洁大方的视觉感受，同时需要让书籍封面简洁但不失细节，这是封面作品的点睛之处，如图 2-72 所示。

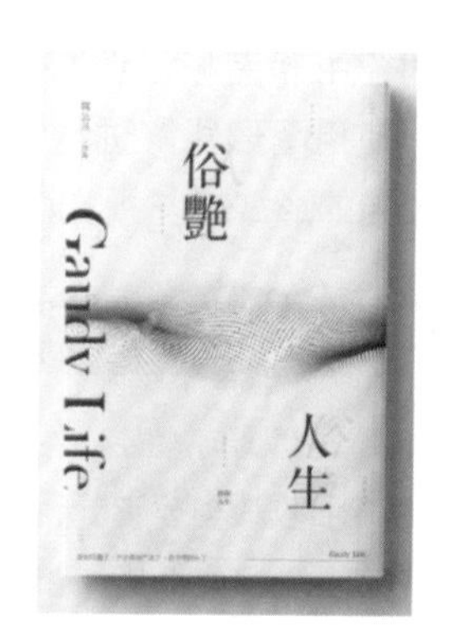

图 2-72　界面大方的书籍封面

2.5.3　使用不规则图形

在书籍装帧设计中，设计师可以巧妙运用不规则图形的分割特性使封面完成分割型构图。封面以多种几何图形拼接而成，多而不乱，具有较强的独创性。

使用不规则图形制作封面设计时，可以使用中性色为底色，然后选用色彩明亮的主体图形，再应用同类色的素材图片，以增强书籍整体的层次感，给读者留下细节饱满的视觉印象，如图 2-73 所示。

图 2-73　书籍装帧设计

☆ 提示

色块与色块之间拼接规整，且棱角分明，可以形成坚硬、理性的视觉美感。圆形的编排设计可以缓解封面过于坚硬的氛围，增强书籍的圆滑程度，给读者更加和谐和舒适的视觉感受。

2.5.4　使用拼合图形

在书籍装帧设计中，如果设计师想要使用拼合图形来完成封面设计的话，首先必须保持封面的简洁。然后在封面左下角放置较大的图形，并在右上方放置较小的图形，使两者之间产生呼应，书籍封面形成简约而不简单的视觉效果。

使用拼合图形设计书籍封面时，应该选用白色作为背景色，这样可以更好地衬托版面中的视觉元素，而且与黑色文字搭配视觉效果更佳。同时也让封面的情感方向更加一目了然。鲜亮色块的融入，可以为封面添加一抹亮色，起到画龙点睛的作用。

书籍封面中的段落文字必须编排有序且间隔相同，这样可以增强书籍装帧设计的节奏感与韵律感。书籍封面中的文字标识不宜过大，但它的位置应该在比较显眼的方向，这样不仅可以起到文字说明的作用，更能为封面增添均衡感，如图 2-74 所示。

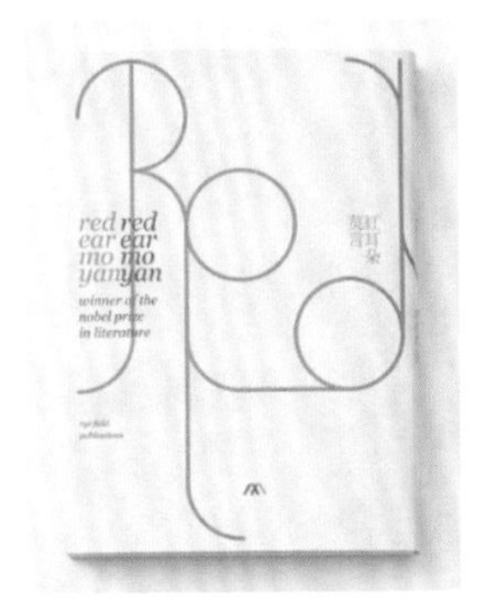

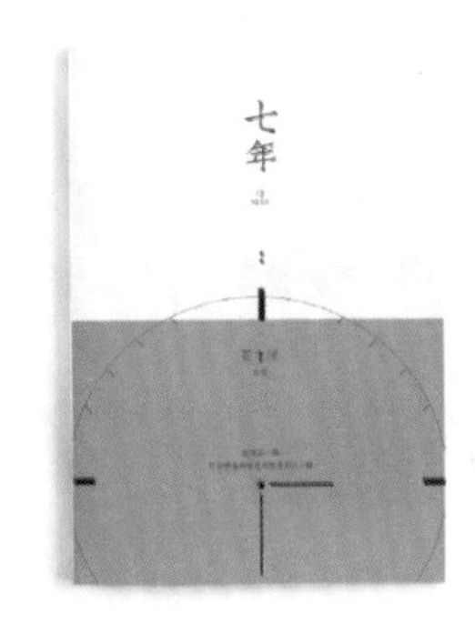

图 2-74　书籍装帧设计

☆练一练——设计制作《慢步星球》歌词手账本的版心页☆

源文件：第 2 章 \2-5-4.psd　　　　视频：第 2 章 \2-5-4.mp4

微视频

• 设计分析

素材

本案例是设计制作《漫步星球》手账本的版心页，手账本的主题为星际宇宙，所以页面主题色选用从深蓝到浅蓝的渐变，给读者一种远方、睿智和高雅的感觉。同时还为页面添加了一些白色的细碎光点，使页面的星际深邃感更加真实。

为了使页面看起来更加的丰富，还为页面添加了一些小巧的三角形和圆环图形，这些图形使用了蓝色的对比色黄色。蓝色的背景与黄色的图形形成了鲜明的对比，为页面增色不少。页面左下角和右下角分别设置快进键和后退键，这与页面中的歌词文字相得益彰，手账本的版心页如图 2-75 所示。

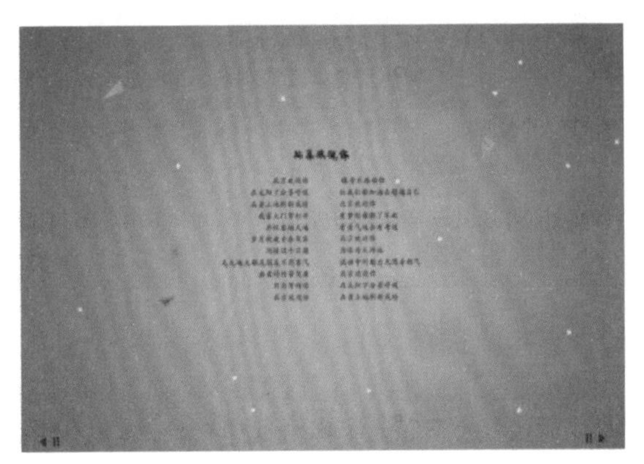

图 2-75　手账本版心页效果

• 制作步骤

Step 01 打开 Photoshop CC 2020，单击“新建”按钮，设置新建文档的各项参数，如图 2-76 所示。使用组合键 Ctrl+R 调出标尺，使用“移动工具”按钮拖曳创建参考线，如图 2-77 所示。

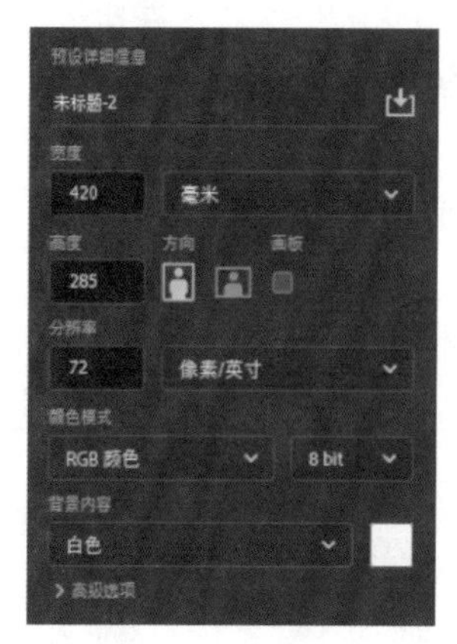

图 2-76　新建文档

图 2-77　创建参考线

☆ 提示

因为歌词手账本版心页中的两行文字排列是左对齐和右对齐，因此为了确保两段文字中间间隔的距离相等，参考线设置在页面的中心。

Step 02 单击工具箱中的“渐变工具”按钮，打开“渐变编辑器”对话框，设置渐变颜色如图 2-78 所示。单击“图层”面板底部的“新建图层”按钮，使用“渐变工具”在画布中单击并拖曳创建径向渐变，如图 2-79 所示。

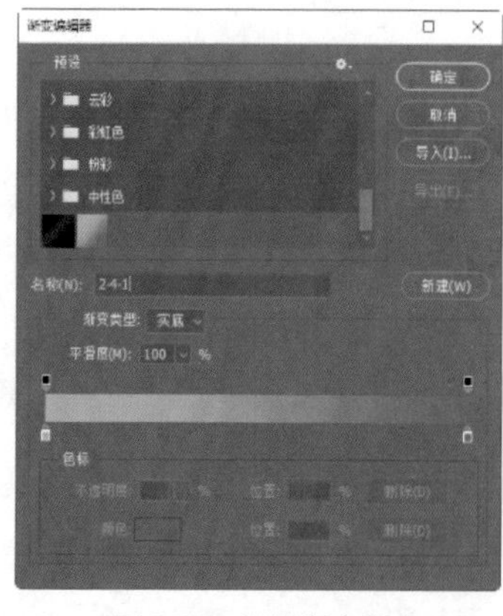

图 2-78　设置渐变颜色

图 2-79　填充渐变颜色

Step 03 打开“图层”面板，双击选中图层的图层缩览图，在打开的“图层样式”对话框中选择“图案叠加”选项，设置各项参数如图 2-80 所示。设置完成后，单击“确定”按钮，图像效果如图 2-81 所示。

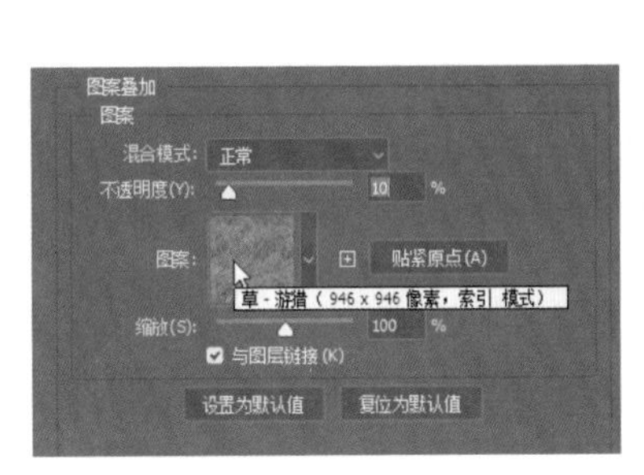

图 2-80 设置图层样式参数

图 2-81 图像效果

Step 04 单击工具箱中的“画笔工具”按钮，打开“画笔设置”面板，设置各项参数如图 2-82 所示。设置“画笔工具”的笔触大小为 3px，绘画模式为“溶解”，使用“画笔工具”在画布中绘制如图 2-83 所示的效果。

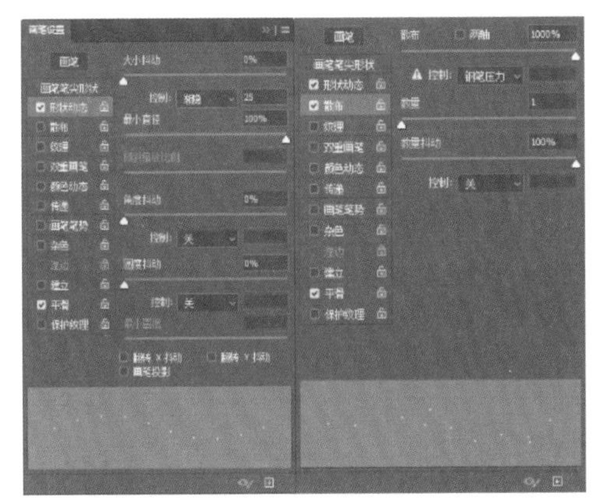

图 2-82 设置画笔参数

图 2-83 绘制图形

Step 05 打开“图层”面板，修改图层的“填充”不透明度为 50%，图像效果如图 2-84 所示。新建图层，修改“画笔工具”的笔触大小为 10px，使用“画笔工具”在画布中绘制图形，并修改图层的“填充”不透明度为 70%，如图 2-85 所示。

Step 06 单击工具箱中的“多边形工具”按钮，设置边数为 3，使用“多边形工具”在画布中单击拖曳创建三角形，如图 2-86 所示。使用“直接选择工具”在画布中选中锚点并拖曳调整，调整效果如图 2-87 所示。

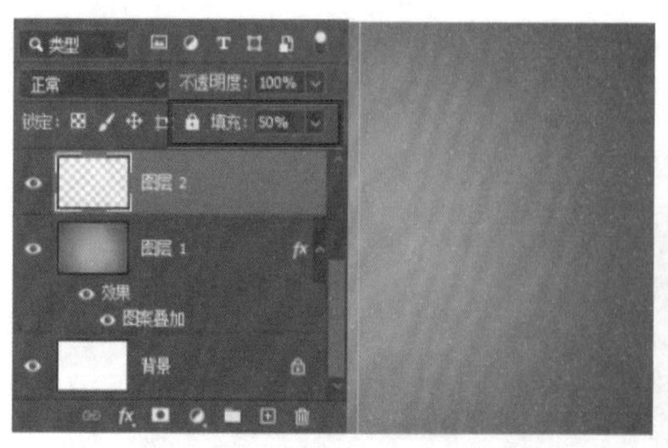

图 2-84　修改不透明度

图 2-85　绘制图形

图 2-86　创建三角形

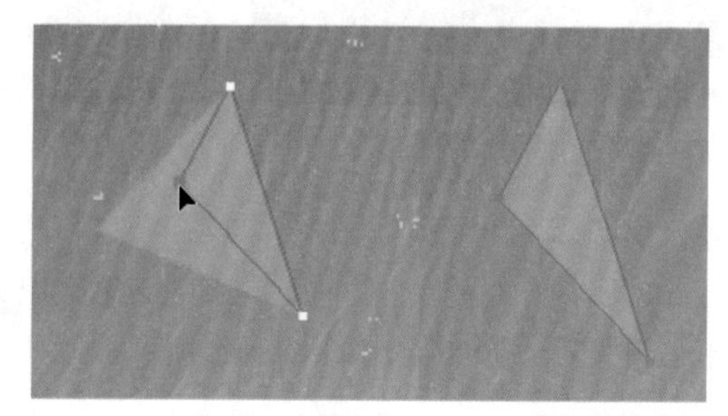

图 2-87　修改锚点

Step 07 使用组合键 Ctrl+T 调出定界框，旋转形状角度，图形效果如图 2-88 所示。使用步骤 7 和步骤 8 的绘制方法，完成相似三角形状的创建，图像效果如图 2-89 所示。

图 2-88　旋转形状

图 2-89　完成相似形状的创建

Step 08 打开“图层”面板，选中所有多边形图层，单击面板底部的“创建新组”按钮，创建名为“三角形”的图层组，如图 2-90 所示。

Step 09 单击工具箱中的“椭圆工具”按钮，在画布中单击拖曳创建椭圆形，设置“填充”为“无”，“描边”为 2px，如图 2-91 所示。使用相同方法完成相似内容的绘制，如图 2-92 所示。

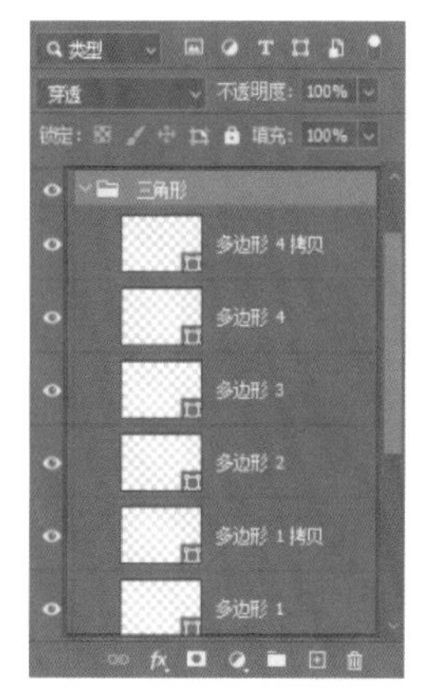

图 2-90 编组图层

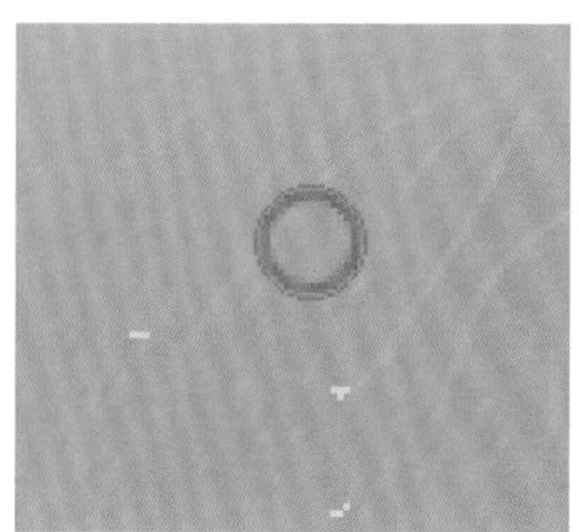

图 2-91 创建圆环

图 2-92 完成相似内容的制作

Step 10 打开“图层”面板，选中所有椭圆图层，单击面板底部的“创建新组”按钮，创建名为“圆环”的图层组，如图 2-93 所示。打开“字符”面板，设置字符参数，使用“横排文字工具”在画布中单击输入文字内容，如图 2-94 所示。

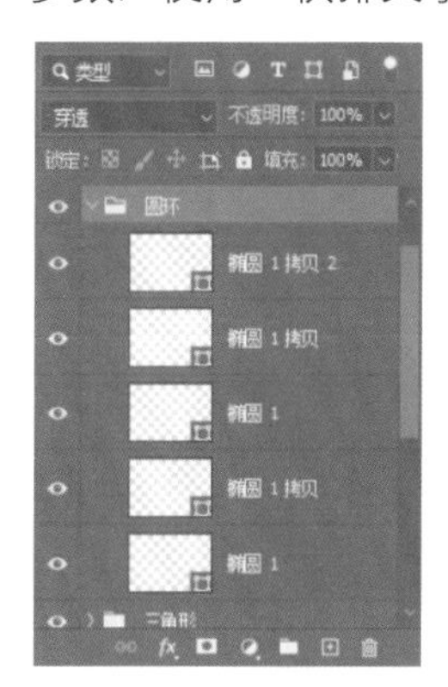

图 2-93 编组图层

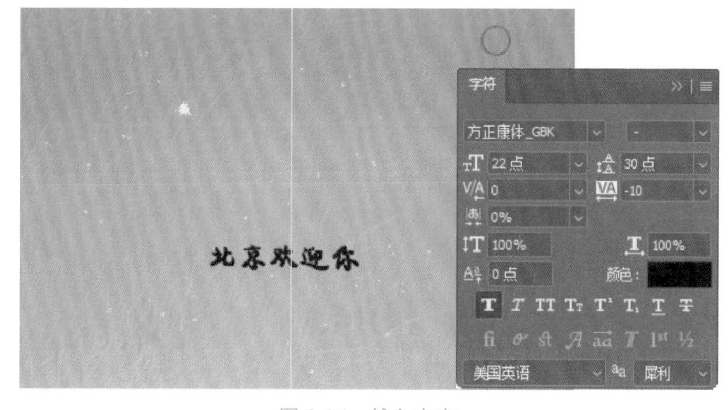

图 2-94 输入文字

Step 11 使用“移动工具”创建如图 2-95 所示的参考线。打开“字符”面板，设置字符参数如图 2-96 所示。

图 2-95 创建参考线

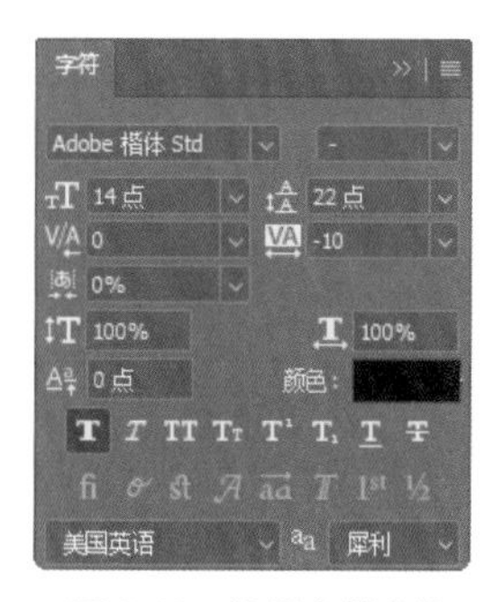

图 2-96 设置字符参数

Step 12 使用“横排文字工具”在画布中单击拖曳创建文本框，输入段落文字内容，如图 2-97 所示。使用相同方法完成相似内容的绘制，如图 2-98 所示。

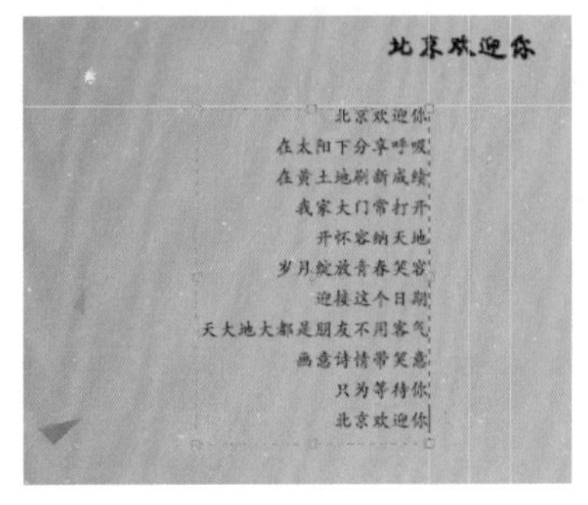

图 2-97　输入段落文字

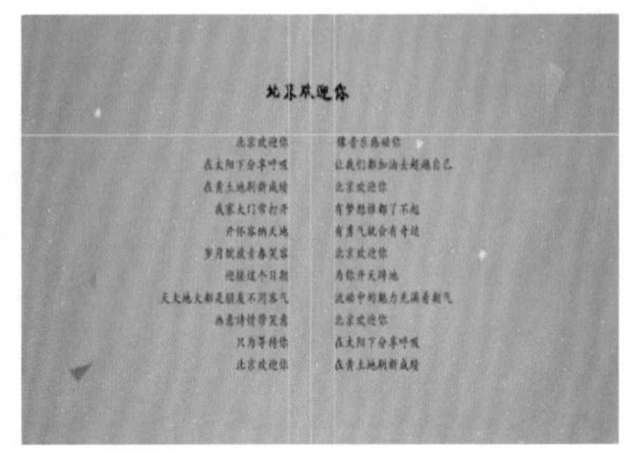

图 2-98　完成段落文字的录入

Step 13 打开“图层”面板，选中所有文字图层，单击面板底部的“创建新组”按钮，创建名为“文字”的图层组，如图 2-99 所示。使用“多边形工具”在画布中单击拖曳创建三角形，如图 2-100 所示。

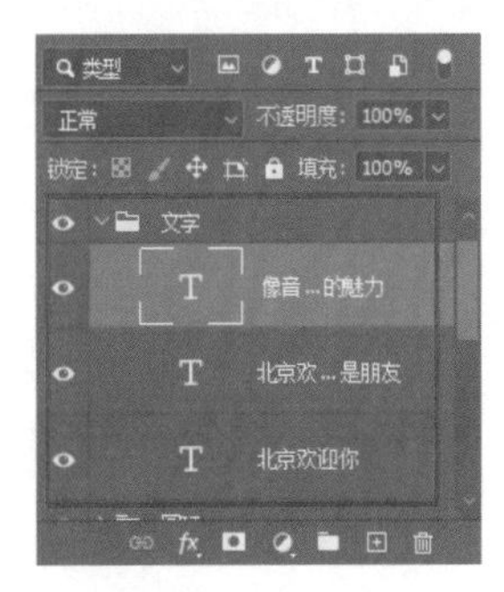

图 2-99　编组图层

图 2-100　创建三角形

Step 14 使用“移动工具”创建如图 2-101 所示参考线。使用“矩形工具”在画布中单击拖曳创建矩形，如图 2-102 所示。

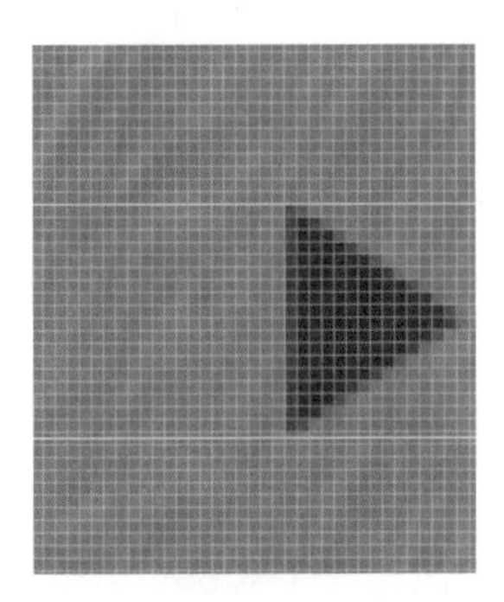

图 2-101　创建参考线

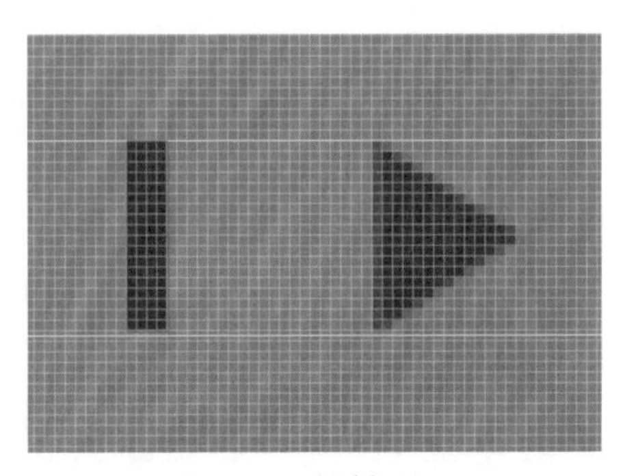

图 2-102　创建矩形

Step 15 单击工具箱中的“路径选择工具”按钮，选中矩形形状并向右拖曳复制形状，如图 2-103 所示。复制多边形图层和矩形图层，对其进行水平翻转操作并移动到合适位置，如图 2-104 所示。

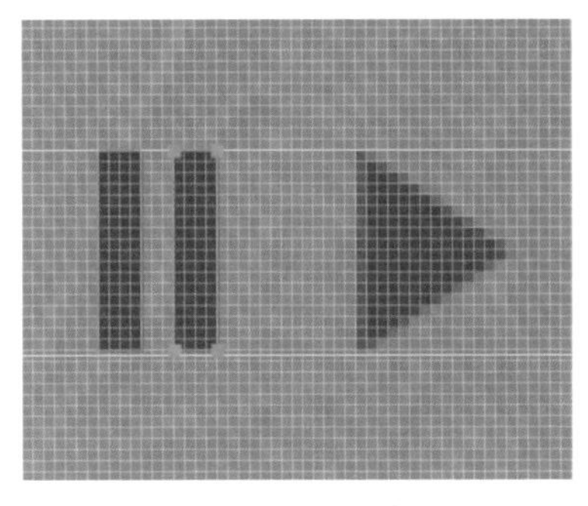
图 2-103　复制矩形

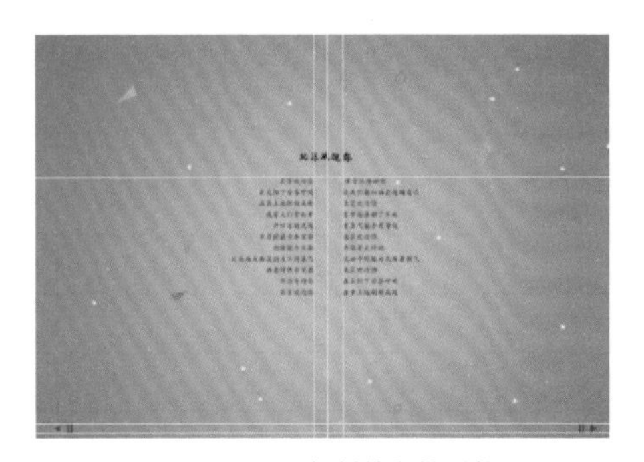
图 2-104　复制并翻转形状

☆ 提示

此处选择“路径选择工具”复制形状，是为了保证复制得到的形状与原形状处于同一个图层内。同时此处设置的两条参考线，是为了保证手账本页面中左、右两边按钮的大小相同。

2.6 举一反三——设计制作《欧·亨利》的封面

源文件：第 2 章 \2-6.psd　　　　视频：第 2 章 \2-6.mp4

微视频

素材

通过学习本章的相关知识点，读者应该对书籍装帧设计的构成元素有了进一步的认识。下面利用所学知识和经验，来制作完成书籍《欧 • 亨利》的封面设计。

Step 01 使用“直排文字工具”输入文字，完成书籍名称的制作，如图 2-105 所示。

Step 02 添加素材图像，使书籍封面鲜活起来，如图 2-106 所示。

图 2-105　输入文字

图 2-106　添加素材

Step03 使用“直排文字工具”输入文字内容，如图 2-107 所示。

Step04 使用“横排文字工具”输入作者、译者和出版社等信息，如图 2-108 所示。

图 2-107　输入文字

图 2-108　输入文字

2.7 本章小结

本章向读者介绍了书籍装帧设计中的元素、各种元素的设计表现方法和在书籍装帧中的作用。本章设计制作 3 款书籍装帧作品，全面讲解了书籍装帧设计元素的表现方法和技巧，通过学习本章内容，读者能够掌握各种书籍装帧元素的概念和使用方法。

第3章 书籍装帧的封面设计

本章主要内容

书籍装帧的形式设计，它最主要的设计目的是为了在视觉上吸引消费者，同时向消费者展示该书籍的文化内涵。通过不断创新书籍装帧中的形式设计，来增强消费者对书籍的阅读兴趣。

3.1 封面设计基础

想要设计出一款优秀的封面设计作品，首先需要确定封面的尺寸，然后再根据书籍的内容在封面上添加书籍名称、装饰图形和主题图片等基础元素，得到精致美观的设计效果。

3.1.1 印张、拼版和折手

在开始设计前，首先需要了解印张、拼版和折手等印刷知识。

• 印张

印张指的不是纸张的计量单位而是印刷的工作量，通常是在全张的幅面上印刷一个颜色，称为一个印张。

例如，一本书，它的版心有 400 页，每一页是 16 开，用全张纸印刷时，每个幅面上可印 16 页，因此总共需要 400/16 = 25 个幅面（注意使用的纸是 12.5 张，每张有两个幅面）。因为采用单色印刷，即色数为 1，所以该书籍使用的印张为 25×1 = 25 印张。如果书籍采用四色印刷，则印张数为 25×4 = 100 印张，图 3-1 所示为书籍在出版页标注的开本和印张。

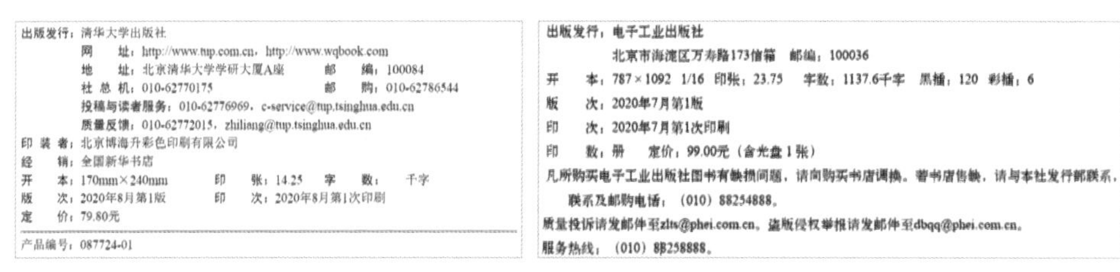
出版发行：清华大学出版社
网　　址：http://www.tup.com.cn，http://www.wqbook.com
地　　址：北京清华大学学研大厦A座　　邮　　编：100084
社 总 机：010-62770175　　邮　　购：010-62786544
投稿与读者服务：010-62776969，c-service@tup.tsinghua.edu.cn
质量反馈：010-62772015，zhiliang@tup.tsinghua.edu.cn
印 装 者：北京博海升彩色印刷有限公司
经　　销：全国新华书店
开　　本：170mm×240mm　　印　　张：14.25　　字　　数：　　千字
版　　次：2020年8月第1版　　印　　次：2020年8月第1次印刷
定　　价：79.80元
产品编号：087724-01

出版发行：电子工业出版社
北京市海淀区万寿路173信箱　邮编：100036
开　　本：787×1092　1/16　印张：23.75　字数：1137.6千字　黑插：120　彩插：6
版　　次：2020年7月第1版
印　　次：2020年7月第1次印刷
印　　数：册　　定价：99.00元（含光盘1张）
凡所购买电子工业出版社图书有缺损问题，请向购买书店调换。若书店售缺，请与本社发行部联系，
联系及邮购电话：（010）88254888。
质量投诉请发邮件至zlts@phei.com.cn，盗版侵权举报请发邮件至dbqq@phei.com.cn。
服务热线：（010）88258888。

图 3-1　书籍出版页

• 拼版

印刷时不会采用书籍原本大小的纸张印刷，而是选用 4 开或对开的大纸。把书籍页面内容组合在大版上印刷，俗称拼版，图 3-2 所示为在一张对开纸上拼版 16 页的示意图。

• 折手

印刷厂在拼版前，会使用一张样纸来做折叠模型，模拟将来印张的折法的过程称为“折手”。一般包括垂直交叉折、平行折、翻身折、混合折和双联折 5 种折法，图 3-3 所示为垂直交叉折的折法示意。

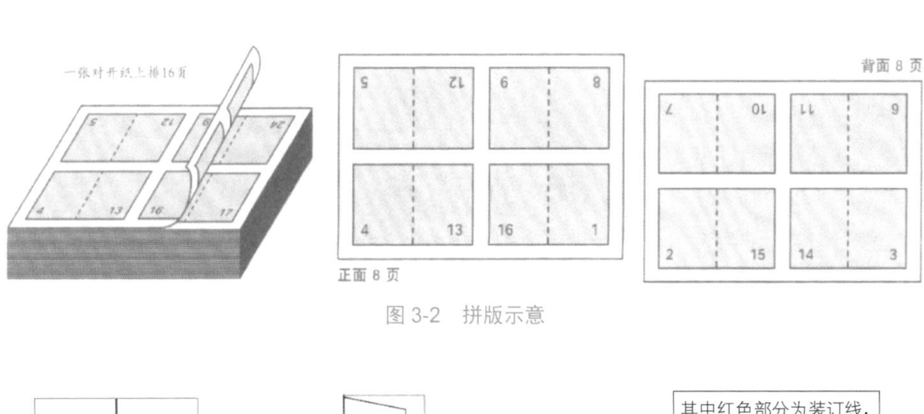

图 3-2　拼版示意

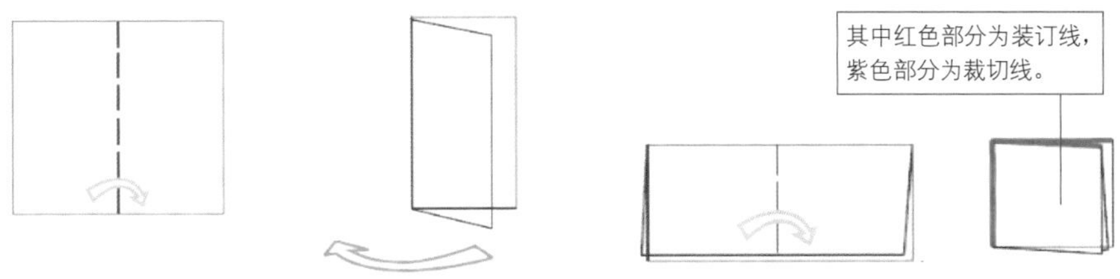

图 3-3　折法示意

“折手”的作用是提前演练和查看更正页码顺序，在“折手”样纸的每一页上标注的页码叫折标。

3.1.2　了解书籍封面设计

封面是书籍装帧的重要组成部分，具体是指书籍装订成册后将书芯包裹起来的部分。封面也称书封或外封，它又分封一、封二（属前封）、封三和封四（属后封）。日常生活中也常把封一称为封面，封四称为封底。

封面设计一般包括书名、编著者名、出版社名和广告语等文字，还包括体现书籍内容、性质、题材的装饰形象、色彩和构图等，图 3-4 所示为一款封面设计作品。

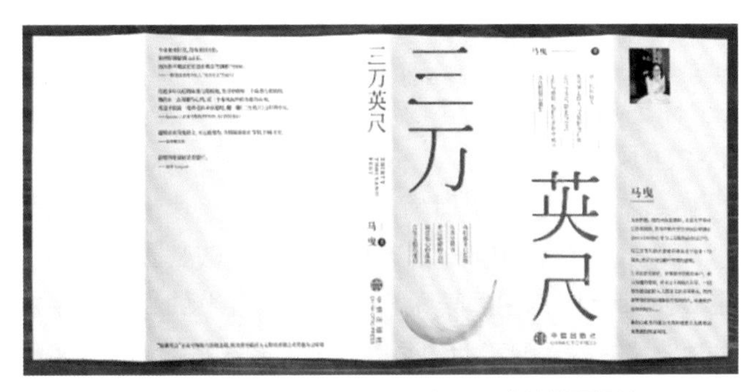

图 3-4　书籍封面设计

☆ 小技巧：封面的存在价值

书籍封面就像是音乐的序曲，它是把读者带入书籍内容的向导。由此可见，书籍封面是书籍装帧设计的重要组成部分。它必须为书籍的内容服务，其设计注定要受到开本、翻阅方式的制约，与此同时，设计师还必须了解装订工序、印刷工艺和装帧材料等内容。在此基础上，封面设计仍然具有相对的独立性质，它有自身存在的价值，想设计出优秀的书籍封面就必须理解和掌握封面设计独有的知识和方法。

书籍封面设计中除了重要的立意外，还需要重视文字、构图和色彩等元素的排版。这些元素都是书籍封面设计中不可或缺的组成部分。这些元素也与“立意”有着密切的关系，它们是相辅相成的，同时它们也不可能脱离“立意”而单独存在，如图 3-5 所示。

图 3-5　封面中的立意与元素设计

3.2 书籍封面的功能

书籍封面最初的主要作用是用来保护书芯。经过漫长的优化和演变，书籍封面还具有了宣传和推广的作用。

3.2.1　保护功能

封面的保护作用是通过使用不同的材料实现的，而材料的选择要根据书籍的性质和出版要求来决定。多数简装书的封面采用比内页更厚一些的纸张，这里纸张的厚度应该根据书的开本、书脊的厚度以及出版要求而定；而精装书的封面则多数采用比内容厚很多的纸张，同时精装书的封面会比内页大一些，图 3-6 所示为两款不同的书籍封面。

简装书的封面

精装书的封面

图 3-6　封面的保护功能

3.2.2　宣传功能

封面的另一个功能是宣传作用。在社会生活中，书籍是以商品的形式出现在读者面前的，而商品有一个共同特性——竞争，所以优秀的封面设计可以帮助书籍进行宣传推广，促进商品的销售。

读者在购买书籍时，最先看到的是书籍的封面或书脊（根据摆放方法的不同，读者看到书籍的第一面也不同）。当读者看到一本精美的书籍封面，这在一定程度上会引起读者的重视，而每个读者都有他的阅读偏好，这是最后促使他消费的动机，图 3-7 所示为精美的书籍封面。

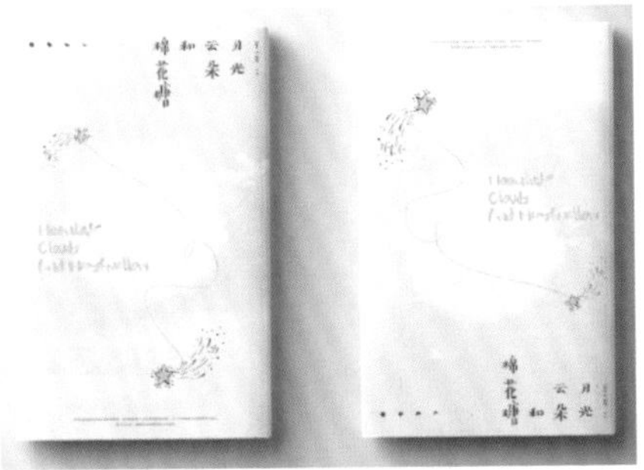

图 3-7　封面的宣传功能

☆ 小技巧：封面和封底的联系与独立

如果把封面的设计结构延伸到封底上，进一步巧妙变化，可以使封面产生一种气势磅礴、一气呵成的效果。同时，设计师还要注意封面、书脊和封底应该是一个独立和完整的个体。

微视频

☆练一练——设计制作《古代藏镜》的封面☆

源文件：第 3 章\3-2-2.psd　　　　视频：第 3 章\3-2-2.mp4

素材

• 设计分析

本案例设计制作书籍《古代藏镜》的封面，由于书籍的主体内容是介绍古代铜镜，因此封面设计的主题色选用了代表了神秘、古典和华美的蓝紫色。

书籍封面包含了最基本的书籍名称、作者信息和出版社名称等内容，并被等量线条框定在正方形的区域内，这样的设计使得书籍封面更具韵律之美。

书籍封面的背景选用了带有残缺的古代铜镜图像，再为铜镜图像添加“线性光”的混合模式和“曲线”的调整图层，使铜镜图像的图像效果与封面设计风格相符合，完成的封面设计图像效果如图 3-8 所示。

图 3-8　图像效果

• 制作步骤

Step 01 打开 Photoshop CC 2020，单击“新建”按钮，设置新建文档的各项参数，如图 3-9 所示。执行“视图”→“新建参考线”命令，在打开的“新建参考线”对话框中设置参数，连续创建参考线如图 3-10 所示。

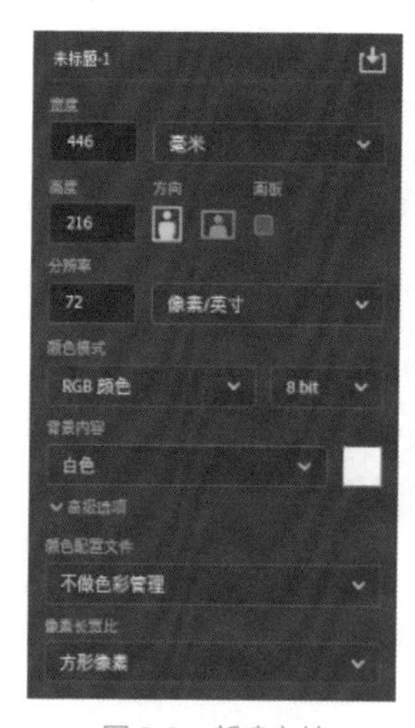

图 3-9　新建文档

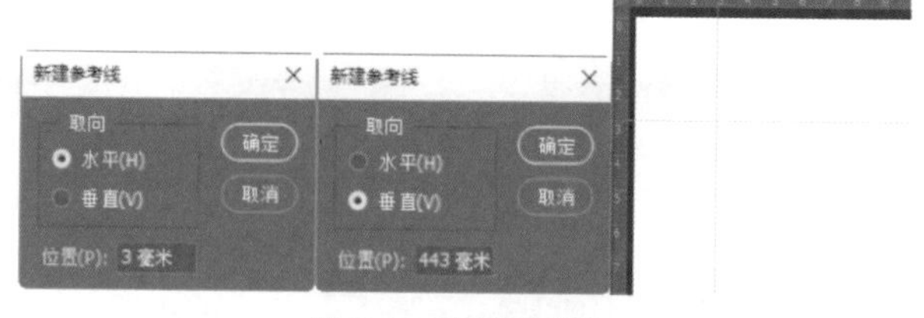

图 3-10　新建参考线

Step 02 使用相同的方法继续创建如图 3-11 所示参考线。连续创建 4 条参考线后，图像效果如图 3-12 所示。

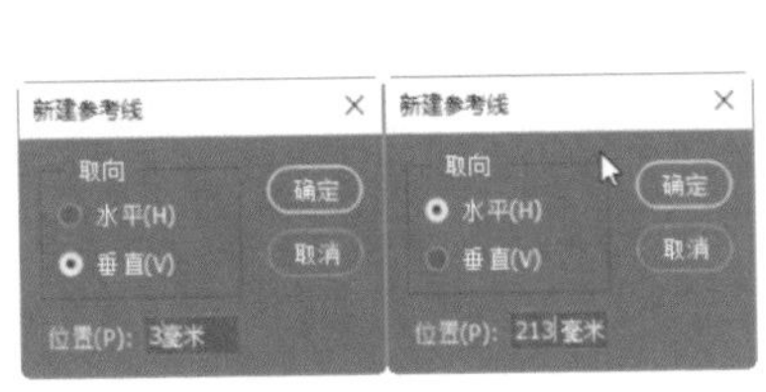

图 3-11 创建参考线

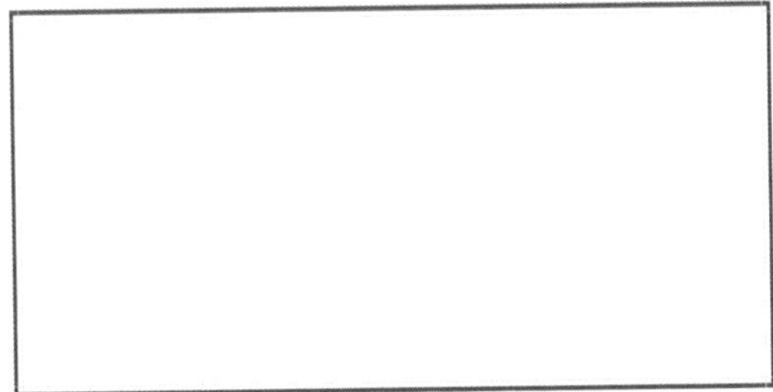
图 3-12 图像效果

Step 03 单击工具箱中的“油漆桶工具”按钮，在画布中单击为其填充 RGB（34，34，46）的颜色，如图 3-13 所示。使用步骤 1 和步骤 2 的绘制方法，完成其他参考线的创建，如图 3-14 所示。

图 3-13 填充颜色

图 3-14 创建参考线

Step 04 执行“文件”→“打开”命令，打开名为“31301.png”文件，使用“移动工具”将其拖曳到设计文档中，如图 3-15 所示。打开“图层”面板，设置图层的混合模式为“线性光”，“不透明度”为 30%，如图 3-16 所示。

图 3-15 打开图像

图 3-16 “图层”面板

Step 05 设置完成后，图像效果如图 3-17 所示。单击“图层”面板底部的“创建新的填充或者调整图层”按钮，在弹出的快捷菜单中选择“曲线”选项，设置参数如图 3-18 所示。

图 3-17　图像效果

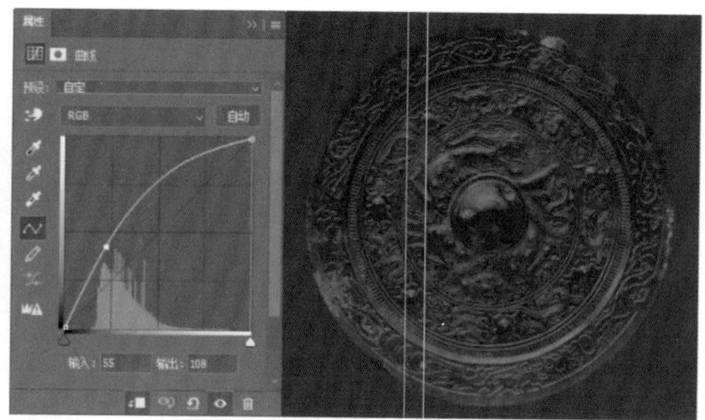

图 3-18　设置“曲线”参数

Step06 单击工具箱中的“矩形工具”按钮，在画布中单击拖曳创建如图 3-19 所示的白色矩形。使用相同方法完成其他形状的创建，在打开的“图层”面板中选中所有形状并单击面板底部的“创建新组”按钮，新建名称为“线条”的图层组，如图 3-20 所示。

图 3-19　创建矩形

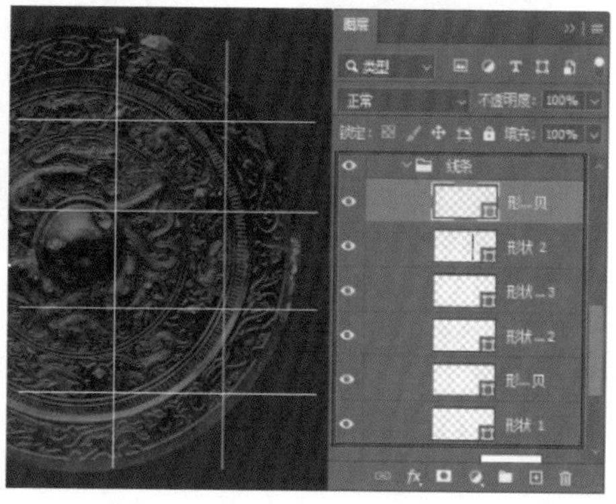

图 3-20　完成多条直线的制作

Step07 打开“字符”面板，设置各项字符参数。单击工具箱中的“横排文字工具”按钮，在画布中单击创建输入文字，如图 3-21 所示。继续使用“横排文字工具”在画布中输入文字，如图 3-22 所示。

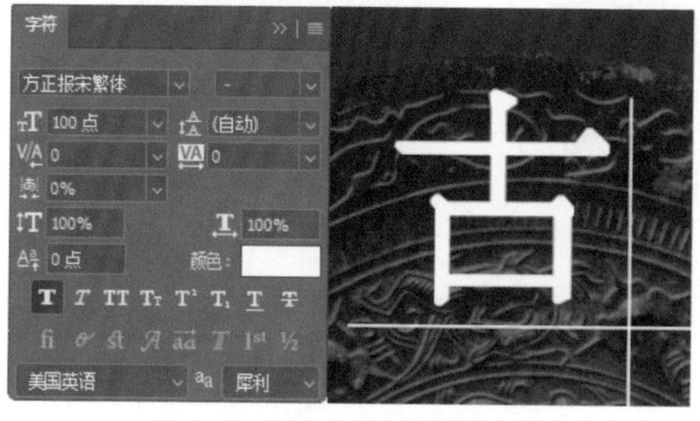

图 3-21　设置字符参数并输入文字

图 3-22　输入文字

Step 08 打开“图层”面板，设置各项字符参数，如图 3-23 所示。继续使用“横排文字工具”在画布中单击输入文字，如图 3-24 所示。

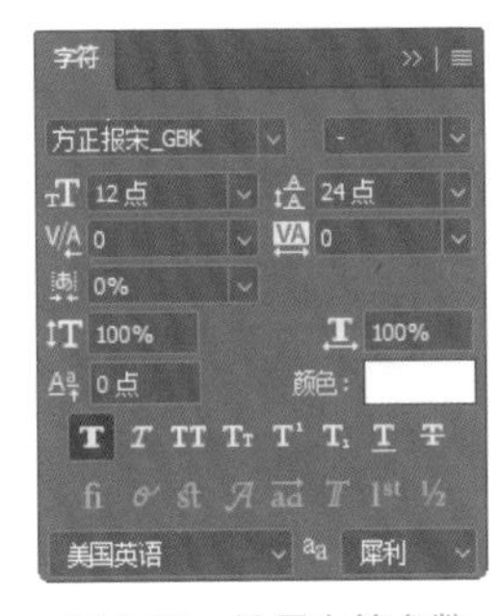

图 3-23　设置字符参数

图 3-24　输入文字

Step 09 打开“字符”面板，设置各项字符参数。单击工具箱中的“横排文字工具”按钮，在画布中单击创建输入文字，如图 3-25 所示。

Step 10 执行“文件”→“打开”命令，打开名为“001.png”文件，使用“移动工具”将图像单击拖曳到设计文档中，效果如图 3-26 所示。

图 3-25　设置字符参数并输入文字

图 3-26　添加图像

3.3 封面的设计构思

设计师应该明确封面的任何表现形式都是为书籍内容而服务的。设计师既要充分理解书稿的主题思想、风格和题材，还要构思新颖、切题和感染力丰富，此时封面的构思就显得十分重要。关于如何构思封面设计，读者可以参考以下几种方法。

• 想象

想象是构思的基础，想象是以主题知觉为中心发散思维，最终产生具体的、趣味的形象。这就是人们常说的灵感，灵感同时也是知识与想象的积累与凝聚。

• 舍弃

构思的过程中设计师会累积许多设计元素，但是这些设计元素不必一一实现到封面设计上。这就要求设计师“多做减法，少做加法”，从而舍弃构思过程中不重要的、可有可无的形象与细节。

• 象征

象征的手法是艺术表现形式中最生动的语言，即设计师可以使用具象、形象的图形或图像来表达抽象的概念或意境，也可用抽象的概念来意喻具体的事物，这都能被读者所接受。

• 创新

如果设计师想要设计一款新颖别致的封面，那么流行的形式、常用的手法、俗套的语言、常见的构图和习惯性的技巧等内容都要避免使用。因为它们都是设计师探索和创新的“敌人”。

3.4 封面的留白设计

封面设计中要巧用留白设计。版面中要留有一定的空白，利于缓解视觉疲劳，使读者静下心来细细体会。丰富精彩的设计与空白区域的对比，一实一虚，给予读者节奏的变化，同时也形成视觉上的美感，图 3-27 所示为书籍封面中应用了留白的设计手法。

图 3-27　封面中的留白设计

封面中的留白设计是有据可依的。根据封面的需要预留恰当的空白面积，即宽大的天头或开阔的地角，又或者中心版面的小面积空白，制造出不同的形式，同时要注意留白区域与各个设计元素的呼应性，如图 3-28 所示。

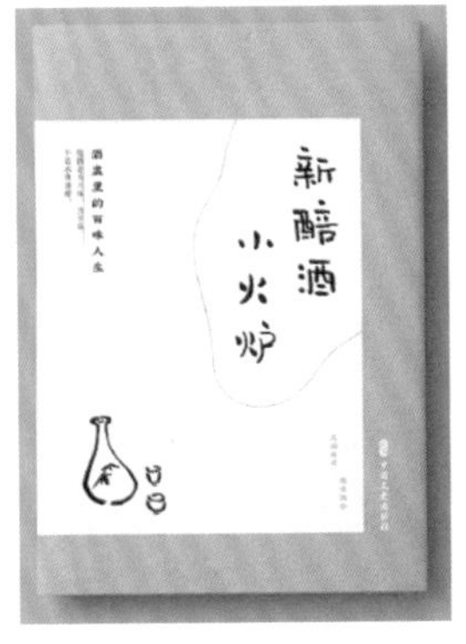

图 3-28　封面留白的形式

☆ 提示

封面恰当的留白设计是为了将视觉转移到要突出的部分，若留白面积过大，则会造成封面设计的空洞乏味。因此留白设计要掌握好“度”，并与各个设计要素构成美观的视觉效果。

在标题周围留白，会使标题显得更加空灵，便于读者查看标题，让读者产生一种阅读愉悦感。这种效果比使用加大字号和加粗字体更容易突出标题，还能形成视觉上的轻松感，图 3-29 所示为封面中的标题留白设计。

满页排版和留白设计对比　　留白设计更容易阅读

图 3-29　标题留白设计

☆ 提示

目前很多书籍为了节约纸张，会将文字排满整页纸张，但是这样的排版设计会使页面显得非常呆板，如果能稍有错落，并在页面中留有一些空白，则会使版面错落有致，充满趣味。

留白设计需要配合精致和出彩的封面元素，即空白区域周围或中心往往需要各种小文字、小符号的组合排列。如果大面积的空白中出现一行小字、小巧的视觉符号或是经过设计的抽象图形，都会为空白区域添加装饰效果，如图 3-30 所示。

图 3-30　留白与设计元素

☆ 提示

在空白区域，设计师可以适当添加一些特殊标识，如出版社的社徽、设计工作室的标识等。这些标识设计简练，又有一定的个性特征。

微视频

☆练一练——设计制作《遇见你之前》的封面☆

源文件：第 3 章\3-4.psd　　　　视频：第 3 章\3-4.mp4

素材

• 设计分析

本案例设计制作书籍《遇见你之前》的封面，该书籍主题内容是描述主人公相遇前后的青春文学，所以封面的主题色选用代表了柔和、开放和童话的土黄色。

书籍封面包含了基础元素中英文版的书籍名称、作者信息和出版社信息，这些基础元素以规则的矩形形状排列，并放置在图像下方，使书籍封面具有一定的层次感和形象美。设计师还为书籍名称做了留白设计，使得书籍名称更加突出，也更加容易被读者看到。

书籍封面还包含了具有宣传推广作用的广告语，这些广告语可以更加直观地向读者介绍书籍内容，以便销售，完成的书籍封面图像效果如图 3-31 所示。

图 3-31　图像效果

• 制作步骤

Step 01 打开 Photoshop CC 2020，单击“新建”按钮，设置新建文档的各项参数，如图 3-32 所示。执行“视图”→“新建参考线”命令，在打开的“新建参考线”对话框中设置参数，创建参考线如图 3-33 所示。

图 3-32 新建文档

图 3-33 创建参考线

Step02 使用相同方法完成参考线的创建，如图 3-34 所示。单击工具箱中的“图框工具”按钮，在画布中单击拖曳创建图框，图框的图像效果和“图层”面板如图 3-35 所示。

图 3-34 连续创建参考线

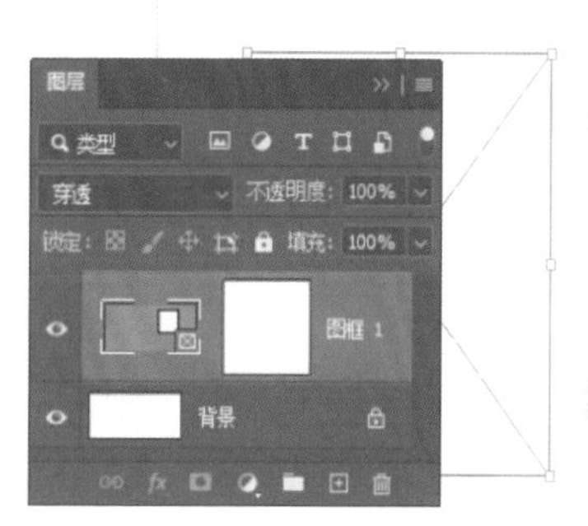

图 3-35 创建图框

☆ 提示

连续创建的参考线分别为垂直方向的 73px、218px、238px 和 383px，这些参考线将页面划分为封面、书脊、封底和勒口等部分。

Step03 执行“文件”→“打开”命令，打开名为“31501.jpg”的素材图像，使用“移动工具”将素材图像拖曳到设计文档的图框中，使用组合键 Ctrl+T 调出定界框，调整素材图像的大小，如图 3-36 所示。打开“字符”面板，设置各项字符参数如图 3-37 所示。

Step04 单击工具箱中的“横排文字工具”按钮，在画布中单击输入文字内容，如图 3-38 所示。单击“图层”面板底部的“创建新图层”按钮，新建一个图层，打开“字符”面板，设置各项字符参数，使用“横排文字工具”在画布中单击输入文字内容，如图 3-39 所示。

图 3-36　添加素材图像

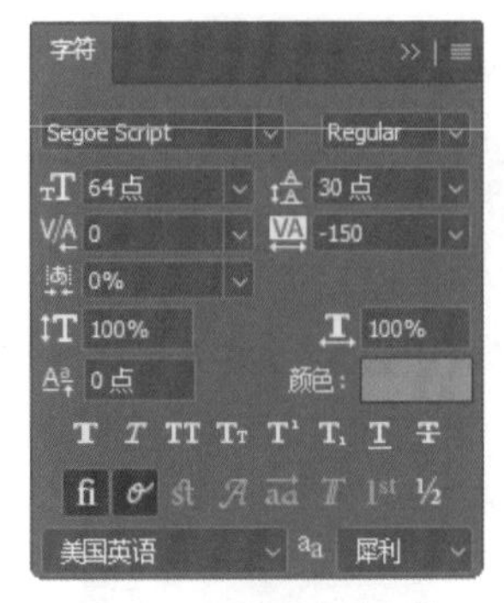

图 3-37　设置字符参数

图 3-38　输入文字

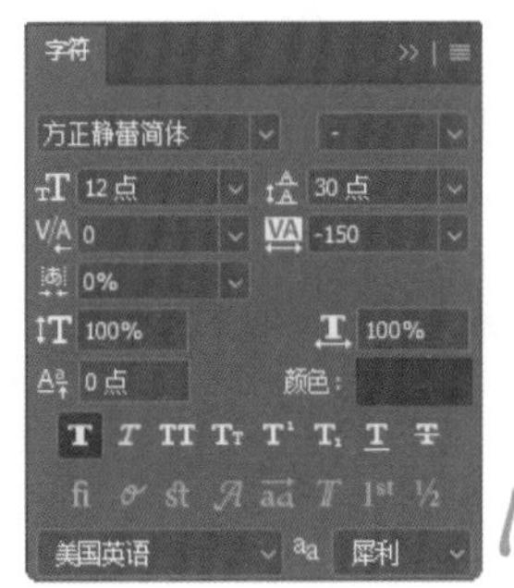

图 3-39　设置字符参数并输入文字

Step 05 打开“字符”面板，设置各项字符参数，使用“横排文字工具”在画布中单击输入文字内容，如图 3-40 所示。

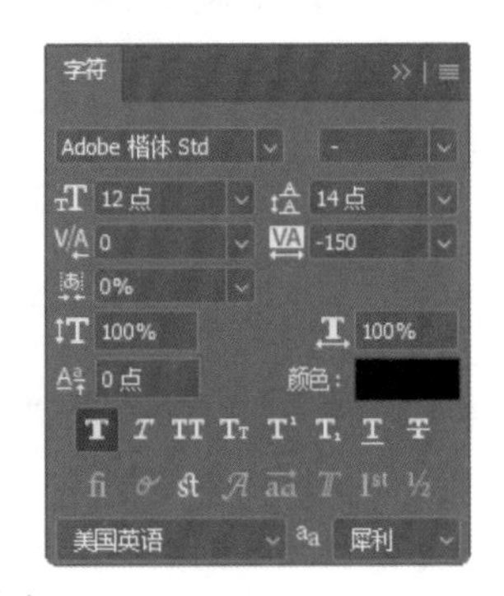

图 3-40　设置字符参数并输入文字

Step 06 使用“横排文字工具”在画布中单击输入文字内容，如图 3-41 所示。单击工具箱中的“自定形状工具”按钮，单击选项栏中的“形状”按钮，在弹出的快捷菜单中选择“雨滴”形状，如图 3-42 所示。

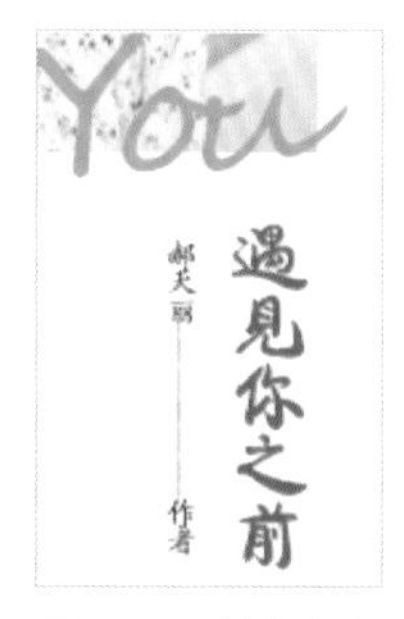

图 3-41 输入文字

图 3-42 选择形状

Step07 使用“自定形状工具”在画布中单击拖曳创建雨滴形状，如图 3-43 所示。单击工具箱中的“转换点工具”按钮，调整雨滴形状上方的锚点属性，如图 3-44 所示。使用“直接选择工具”和“转换点工具”调整雨滴形状的锚点，如图 3-45 所示。

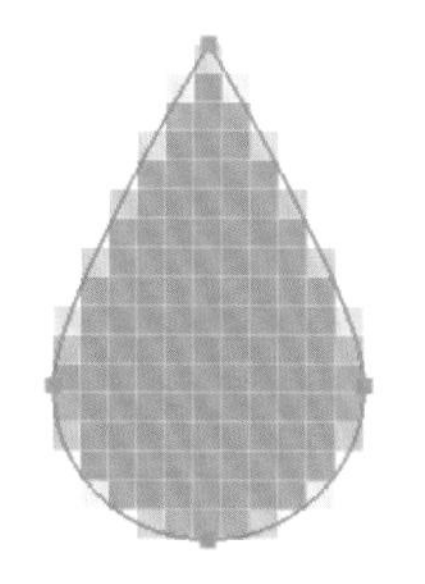
图 3-43 创建雨滴形状

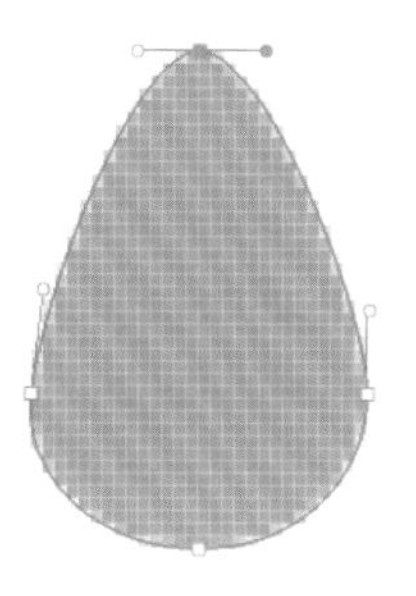
图 3-44 调整锚点属性

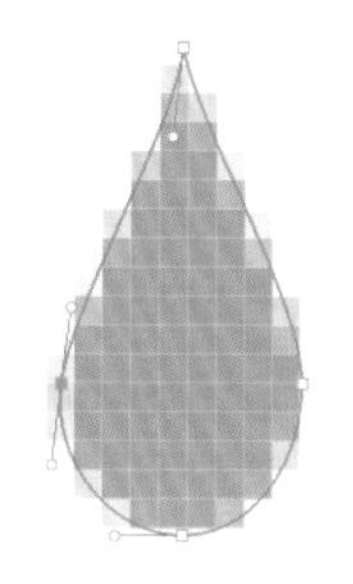
图 3-45 调整锚点

☆ 提示

读者如果想要调整形状的任意锚点，“转换点工具”可以帮助读者将锚点的角点与平滑点相互转换，同时可以使用此工具调整锚点的两条方向线到任意方向。

Step08 打开“字符”面板，设置各项字符参数如图 3-46 所示。使用“横排文字工具”在画布中单击输入文字内容，如图 3-47 所示。

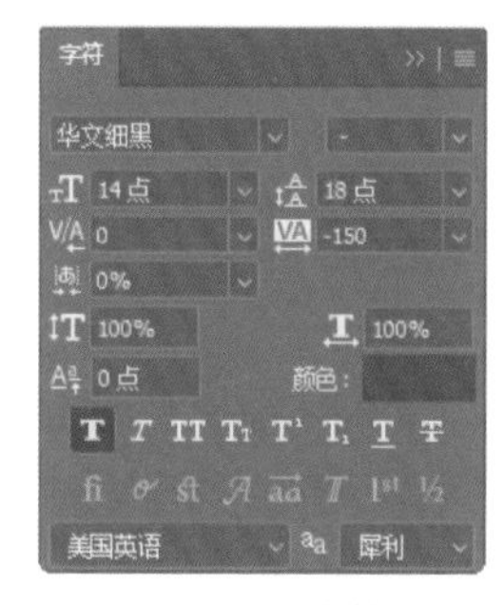

图 3-46 设置字符参数

图 3-47 输入文字

Step09 执行“文件”→“打开”命令，打开名为“002.png”的素材图像，使用“移动工具”将素材图像拖曳到设计文档中，使用组合键 Ctrl+T 调出定界框，调整素材图像的大小如图 3-48 所示。打开“字符”面板，设置各项字符参数，如图 3-49 所示。

图 3-48　添加素材图像

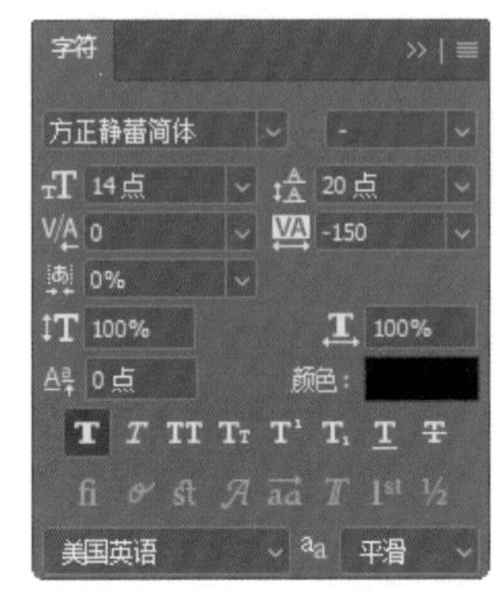

图 3-49　设置字符参数

Step10 使用“横排文字工具”在画布中单击输入文字内容，如图 3-50 所示。打开“图层”面板，选中相关图层并单击面板底部的“创建新组”按钮，重命名“组 1”图层组为“封面”，如图 3-51 所示。

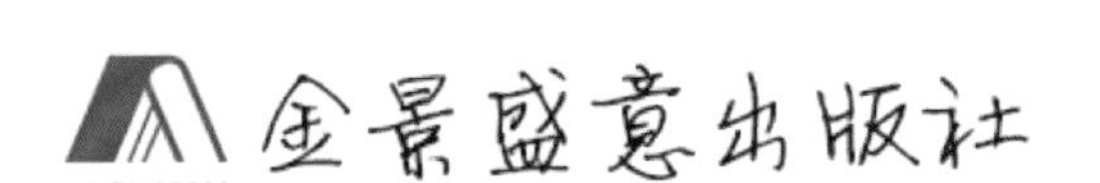

图 3-50　输入文字

图 3-51　编组图层

3.5 封面设计进阶

一款优秀的封面设计不仅包括封面设计，还应该包括配套的书脊、封底和勒口设计。如果想要设计出美观的整套封面，就需要遵守一些设计原则或规律。接下来为读者详细介绍书脊、封底、勒口和封面的联系和设计要点。

3.5.1 书脊设计

书脊是书籍封面和封底的连接处。简装书的书脊是平齐的，且书芯表面与书背垂直；而精装的书脊则高出书芯表面。

一般书脊上印有书名、期号和其他信息，作为书籍外观的一个特殊的部分，具有重要而不可替代的作用。封面是书籍的第一张脸，而书脊则是书籍的第二张脸。不论是从功能的角度，还是从艺术视觉的角度，都应该强调对书脊与封面一样重视，如图 3-52 所示。

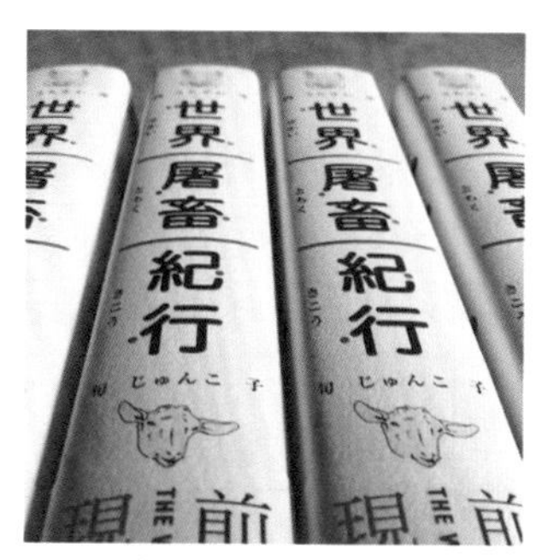

图 3-52 封面与书脊设计

3.5.2 封底设计

封底，又称封四或底封。书籍的封底设计一定包含统一的书号和定价，这些内容一般出现在封底的右下方或是左下方，如图 3-53 所示。期刊的封底会被充当版权页，或被用来印目录及其他非正文部分的文字和图片等。

图 3-53 书籍的封底设计

在书籍装帧的整体设计中，封底设计也是非常重要的环节。忽略了封底，书籍装帧的整体美感就会被破坏。书籍的封底不像封面那样张扬或容易抓住读者的视线，它就像戏剧中的配角、花朵旁的绿叶，静静地烘托着封面。

有了和谐的封底，封面才能释放出耀眼的光彩。封底设计除了条形码和定价，我们还可以给予它更丰富的内容，让读者“细读”，如书籍的内容介绍、著作者简介、责任编辑、装帧设计者署名，以及封面内容的补充、图形要素的重复，甚至广告语文案等，这些设计元素设计师可以按照需要进行合理的设计编排。

在设计封底时，封底与封面的关系尤为重要，下面介绍一些在设计封底和封面时需要注意的点，如表 3-1 所示。

表 3-1　设计封底与封面需要注意的点

封面与封底的关系	注　意
主次关系	设计师必须知道封面是设计的主要对象，封底可采用与封面相称、延伸、拓展或另行设计、进行空白处理等方式
呼应关系	封底设计一定要与封面设计相呼应，以达到书籍设计的整体美感
统一性	封底设计无论在图形、色彩、文字、编排和表现形式方面都要与封面设计相统一
连贯性	封底设计要和封面设计取得连贯一致、一气呵成的整体效果。只有把握以上设计原则，充分发挥封底的作用，才有可能设计出与封面统一、与整体书籍和谐的封底

微视频

☆练一练——制作《古代藏镜》的完整封面设计☆

源文件：第 3 章\3-5-2.psd　　　　视频：第 3 章\3-5-2.mp4

素材

• 设计分析

本案例是设计制作书籍《古代藏镜》的书脊、封底和勒口等内容，为了使书籍封面、书脊、封底和勒口等内容具有设计风格一致和图像效果协调美观等属性，书脊、封底和勒口的背景使用了同一张铜镜图像。

在设计书脊时，为了保持书脊与封面的连贯性和统一性，书籍名称、作者信息和出版社信息等文字内容统统与封面设计相一致。

在设计封底时，为了增加书籍商品的售卖数量，设计师为封底页面添加了古代铜镜的背景介绍和书籍商品的定价信息等内容，书籍的完整封面效果如图 3-54 所示。

图 3-54　图像效果

• 制作步骤

Step01 打开名为“3-2-2.psd”的源文件，继续为书籍《古代藏镜》制作封面中的书脊和封底内容。

Step02 打开“图层”面板，选中素材图像图层，将其拖曳至“创建新图层”按钮上，复制素材图像，使用组合键 Ctrl+T 调整图像的大小，如图 3-55 所示。打开“字符”面板，设置字符参数，使用“直排文字工具”在画布中单击输入文字，如图 3-56 所示。

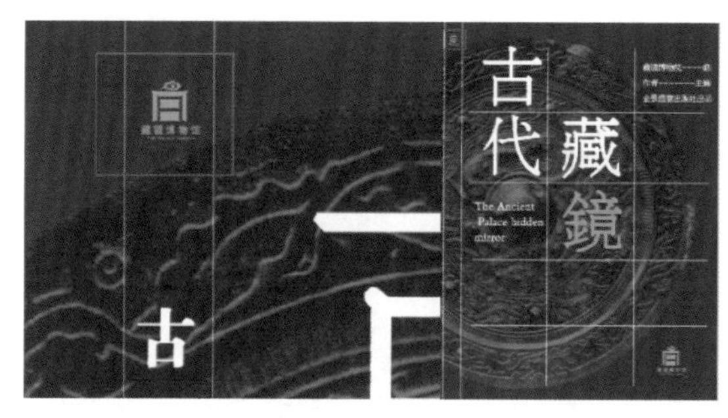

图 3-55　复制图层

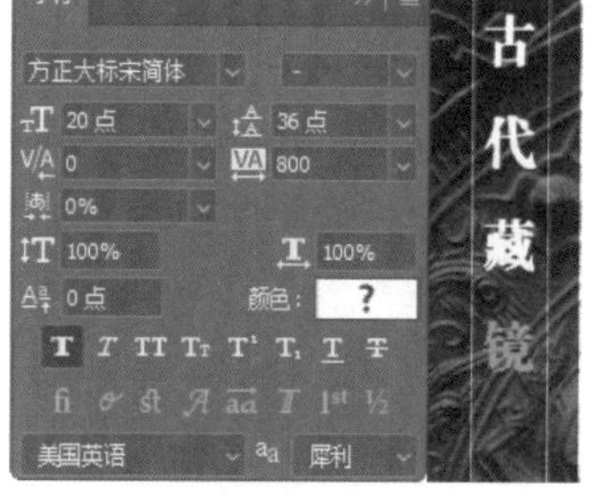

图 3-56　设置字符参数

Step03 打开“字符”面板，设置字符参数，使用“直排文字工具”在画布中单击输入文字，如图 3-57 所示。打开“图层”面板，选中多个图层编组并重命名为“书脊”，如图 3-58 所示。

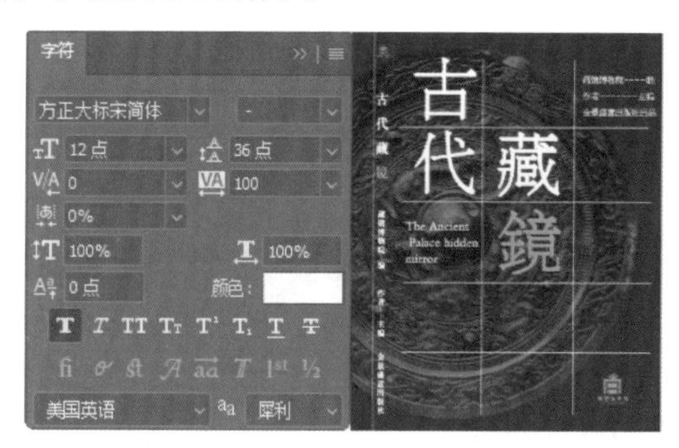

图 3-57　设置字符参数并输入文字

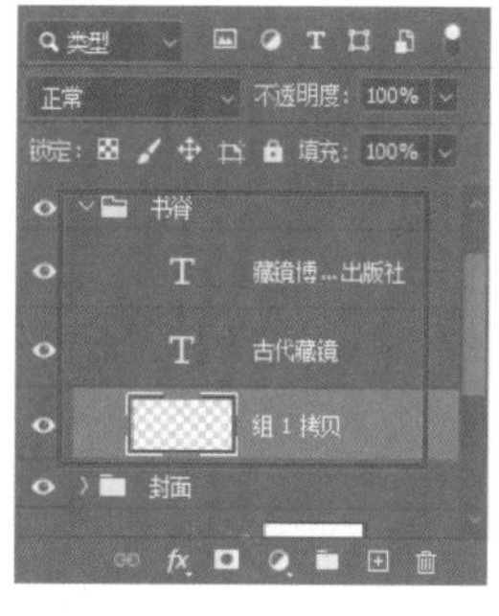

图 3-58　图层编组

Step04 单击工具箱中的“矩形工具”按钮，在画布中单击拖曳创建白色的矩形形状，如图 3-59 所示。打开“字符”面板，设置字符参数，使用“横排文字工具”在画布中单击输入文字，如图 3-60 所示。

Step05 使用“横排文字工具”在画布中拖曳创建段落文本框，如图 3-61 所示。设置字符参数并在画布中输入文字，如图 3-62 所示。

Step06 单击工具箱中的“矩形工具”按钮，在画布中单击拖曳创建白色的矩形形状，如图 3-63 所示。打开“字符”面板，设置字符参数如图 3-64 所示。

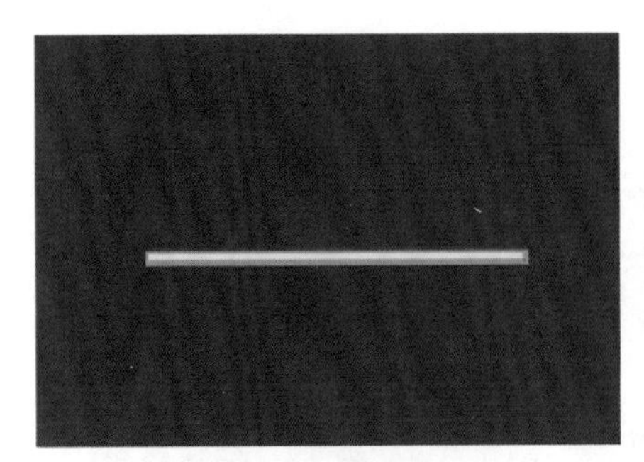

图 3-59　创建矩形

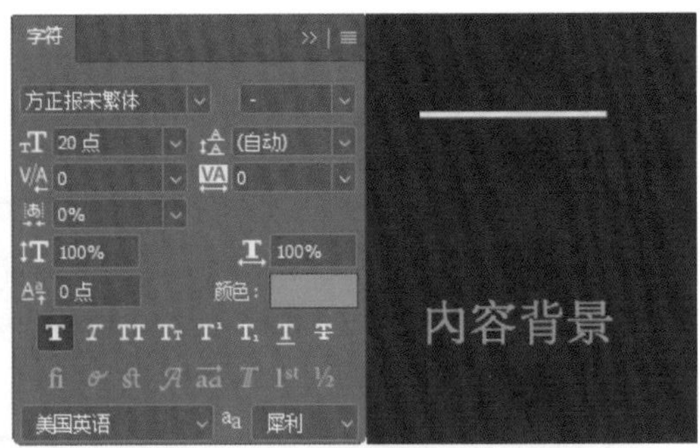

图 3-60　设置字符参数并输入文字

图 3-61　创建文本框

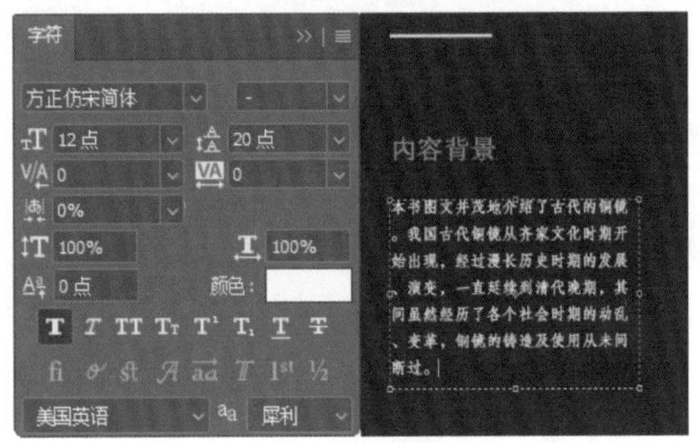

图 3-62　输入段落文本

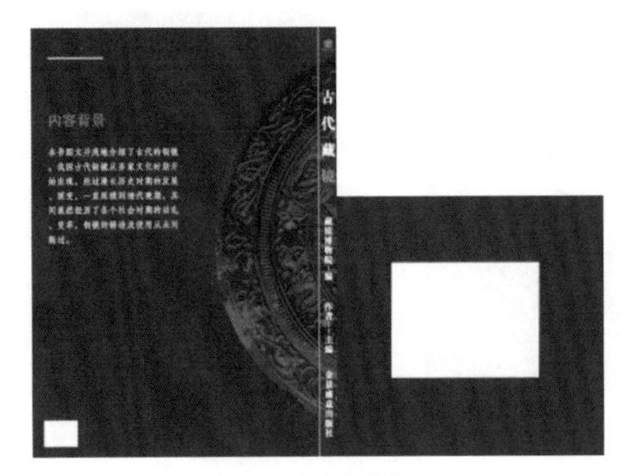

图 3-63　条形码

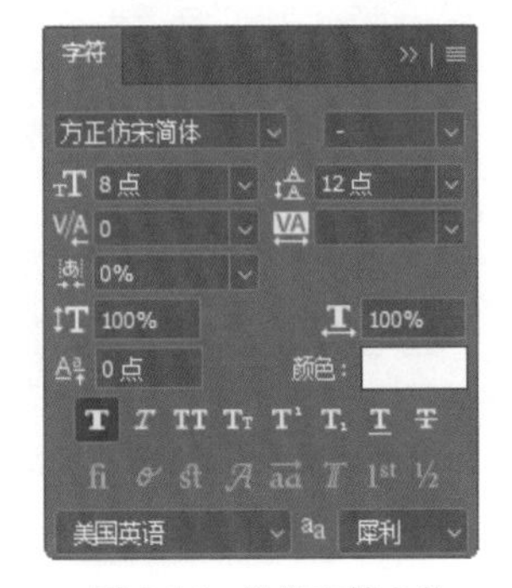

图 3-64　设置字符参数

Step07 单击工具箱中的“横排文字工具”按钮，在画布中单击输入文字内容，如图 3-65 所示。打开“图层”面板，选中相关图层编组并重命名为“封底”，如图 3-66 所示。

Step08 单击工具箱中的“矩形工具”按钮，在画布中单击拖曳创建白色矩形，如图 3-67 所示。打开“字符”面板，设置各项字符参数如图 3-68 所示。

图 3-65　输入文字

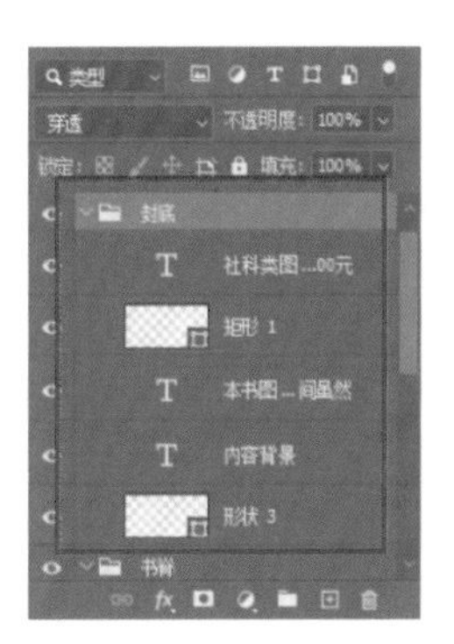

图 3-66　编组图层

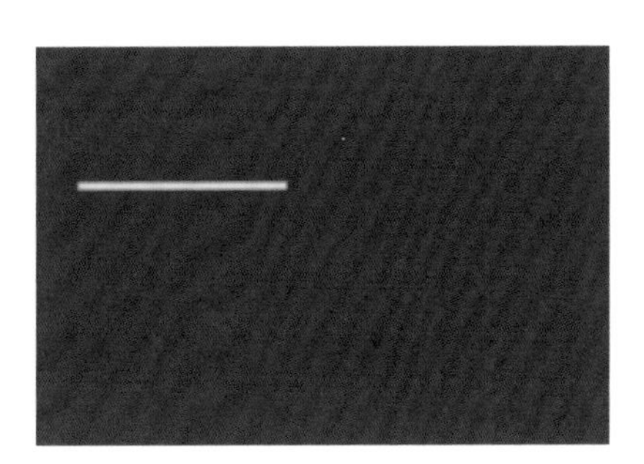

图 3-67　创建矩形

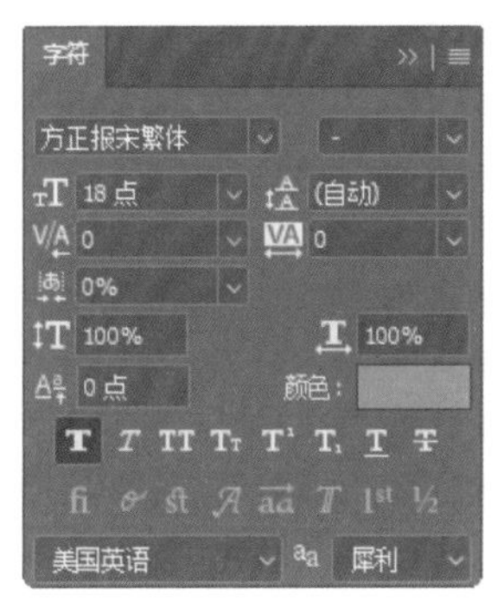

图 3-68　设置字符参数

Step 09 单击工具箱中的“横排文字工具”按钮，在画布中单击输入文字内容，如图 3-69 所示。打开“字符”面板，设置各项字符参数，使用“横排文字工具”在画布中单击拖曳创建段落文本框，如图 3-70 所示。

图 3-69　输入文字

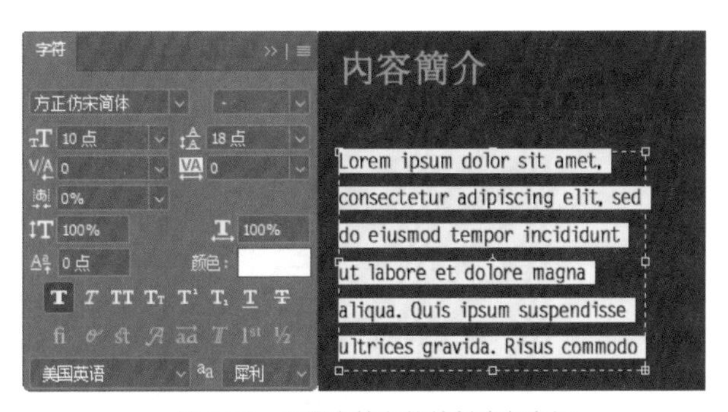

图 3-70　设置字符参数并创建文本框

Step 10 输入如图 3-71 所示文字内容。打开“图层”面板，选中相关图层将其拖曳至“创建新图层”按钮，如图 3-72 所示。将复制得到的两个图层进行编组，如图 3-73 所示。

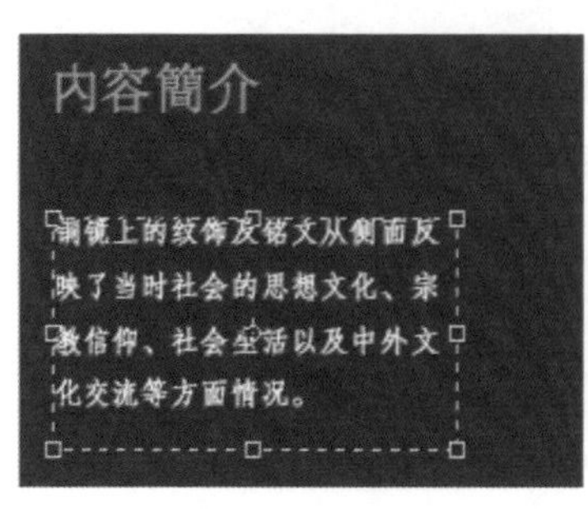

图 3-71　输入文字

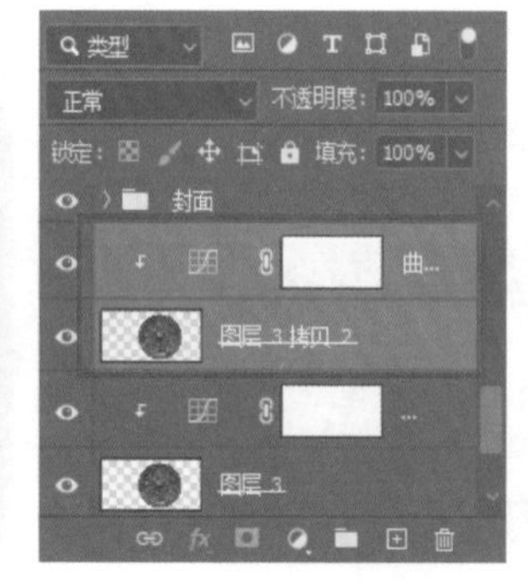
图 3-72　复制图层

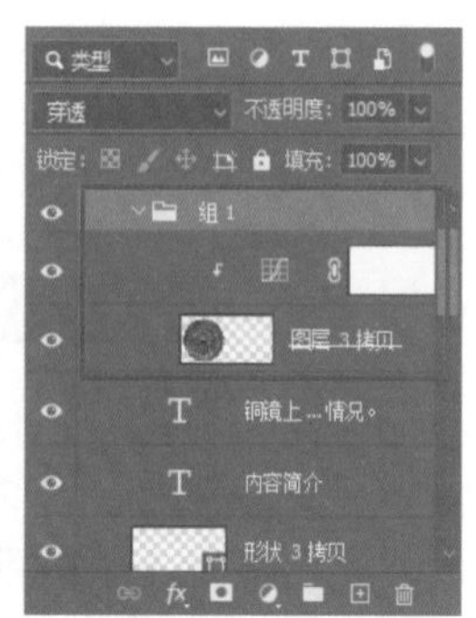
图 3-73　编组图层

Step 11 使用“移动工具”在画布中单击拖曳移动图层“组 1”，如图 3-74 所示。单击工具箱中的“矩形选框工具”按钮，在画布中单击拖曳创建矩形选区，如图 3-75 所示。

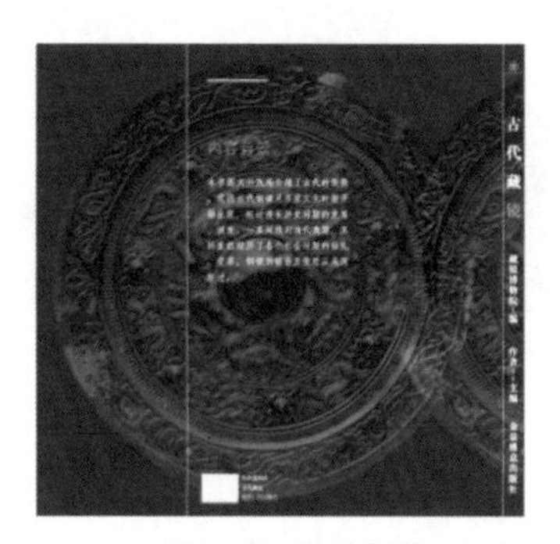
图 3-74　移动图层

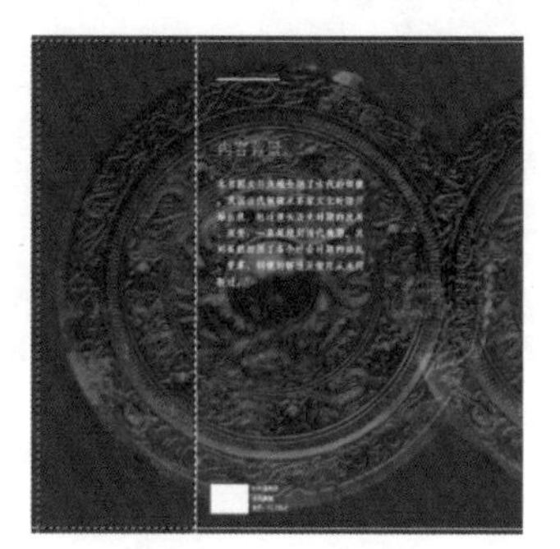
图 3-75　创建选区

Step 12 打开“图层”面板，单击面板底部的“添加图层蒙版”按钮，如图 3-76 所示。在打开的“图层”面板中，选中相关图层将其编组，并重命名为“勒口”，如图 3-77 所示。

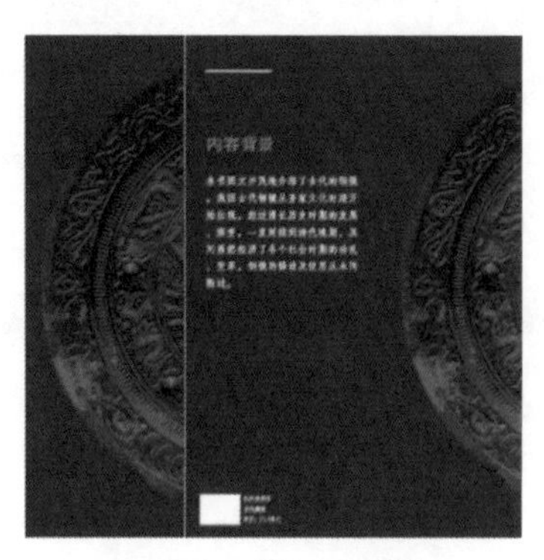
图 3-76　添加图层蒙版

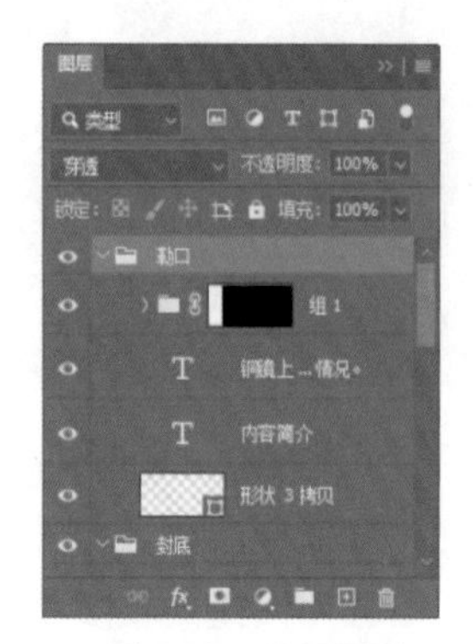
图 3-77　编组图层

3.5.3 勒口设计

勒口是指简装书封面超出封面和封底的部分，它的使用形式为沿书芯将勒口部分向封面和封底里面折齐，如图 3-78 所示。

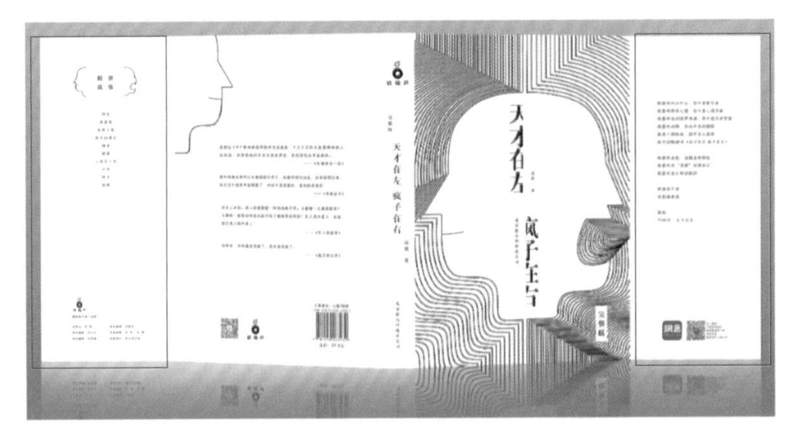

图 3-78　书籍封面的勒口设计

勒口的存在是为了保护书籍，已知一般情况下勒口的宽度是书芯的一半，这是因为如果勒口太窄，容易使书籍的封套包裹不紧并脱落，并且显得小气和不美观。

在设计勒口时，设计师可以适当地添加一些作者介绍、书籍内容简介、系列丛书推荐或书籍装帧设计人员名单等内容，表 3-2 所示为书籍封面中勒口的设计内容。

表 3-2　勒口的设计内容

设计内容	作　　用
协调勒口与封面	勒口与封面上的内容和主题必须相呼应，以形成装帧设计的整体美感， 使读者翻阅书籍时，能满足视觉上的享受
作者简介	在书籍勒口处添加书籍作者的肖像及简历，使读者在阅读该书之前对作者有一个基本的认识，缩短读者与作者间的距离，并让读者快速进入书籍的主题
内容简介	在书籍勒口处添加该书的内容简介，能让读者对书籍有一定的了解，并将这些了解转换为阅读欲望
广告推广	在书籍勒口处添加系列丛书的广告推广，可以适当引起读者对该系列其他书籍的好奇心，从而增加其他书籍的销量

☆ 提示

现如今书籍的勒口设计越来越被设计师所重视，勒口设计也成了体现书籍装帧整体设计的一个关键部分。

微视频

素材

☆练一练——制作《遇见你之前》完整的封面设计☆

源文件：第 3 章 \3-5-3.psd　　　　　　视频：第 3 章 \3-5-3.mp4

• 设计分析

本案例设计制作书籍《遇见你之前》的书脊、封底和勒口等内容，为了使书脊、封底、勒口等内容的设计风格和封面一致，设计师在书脊和封底设计中添加了适当的土黄色元素。

在设计封底时，为了增加书籍的吸引力，设计师为书籍商品添加了 5 种不同的文字广告。这 5 种文字广告采用了 3 种不同的字体和字号，便于读者区分和更好地阅读。同时为了不让读者在满是文字的版面中感到乏味，设计师采用了黑色和土黄色相间的文字段落。

在设计勒口时，为了使读者可以在第一时间更好地了解书籍相关内容，设计师在封面勒口处添加了作者简介和简短的宣传文字，在封底勒口处添加了作者名言和封面版式信息等，书籍的完整封面效果如图 3-79 所示。

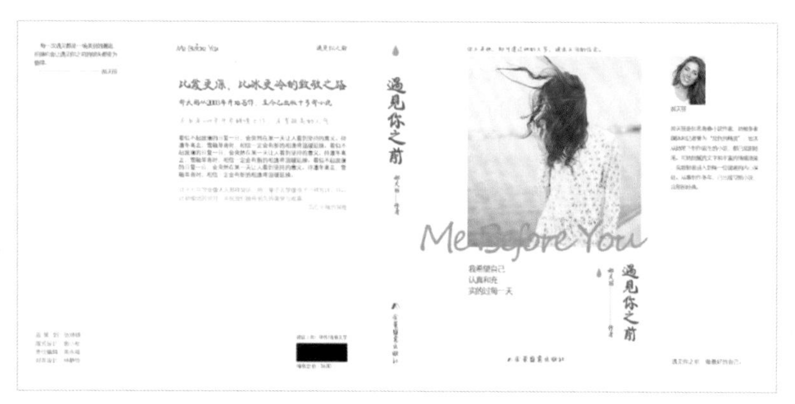

图 3-79　完整封面效果

• 制作步骤

Step 01 打开名为“3-4.psd”的源文件，打开“图层”面板，选中如图 3-80 所示的图层。将选中的图层拖曳至面板底部的“创建新图层”按钮，调整复制图层的位置，修改“遇见你之前”图层的字号大小，如图 3-81 所示。

Step 02 继续在打开的“图层”面板中选中如图 3-82 所示的图层，将选中的图层拖曳至面板底部的“创建新图层”按钮，调整复制图层的位置，并对“金景盛意出版社”图层执行“文字”→“文本排列方向”命令，如图 3-83 所示。

Step 03 打开“图层”面板，将复制得到的所有图层选中，单击“图层”面板底部的“创建新组”按钮，新建名称为“书脊”的图层组，如图 3-84 所示。

图 3-80 选中图层

图 3-81 复制图层并修改字体大小

图 3-82 选中图层

图 3-83 复制图层并调整文字方向

Step 04 打开“字符”面板，设置各项字符参数如图 3-85 所示。使用“横排文字工具”在画布中单击输入文字内容，如图 3-86 所示。

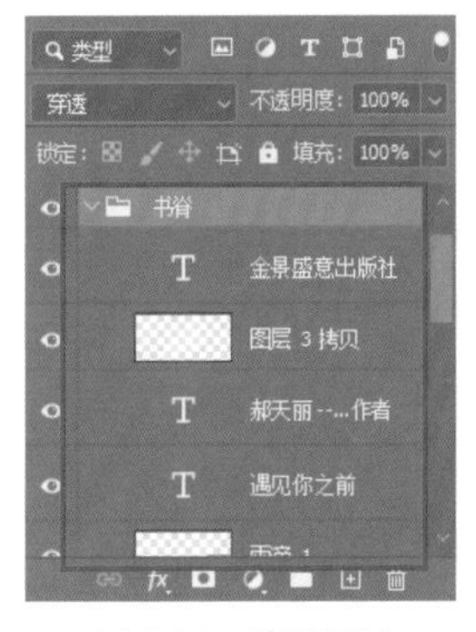

图 3-84 编组图层

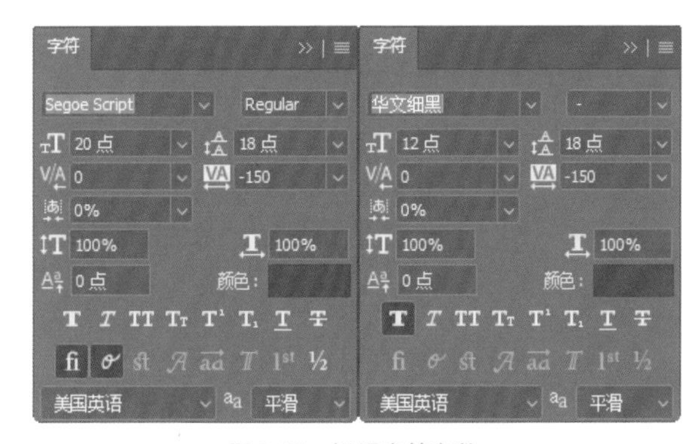

图 3-85 设置字符参数

Me Before You 遇见你之前

图 3-86 输入文字

Step 05 打开“字符”面板，设置各项字符参数如图 3-87 所示。使用“横排文字工具”在画布中单击输入文字内容，如图 3-88 所示。

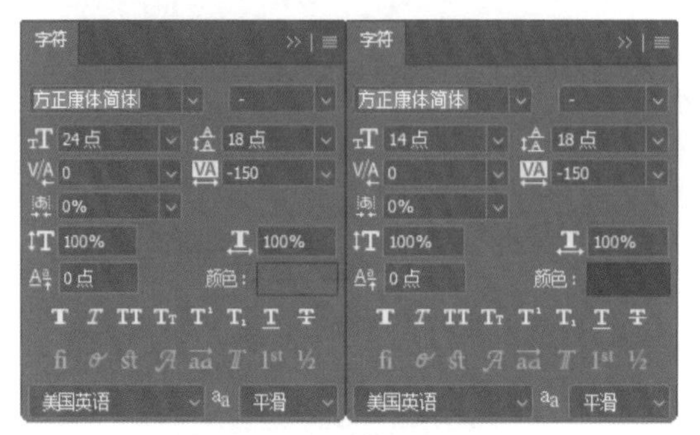

图 3-87 设置字符参数

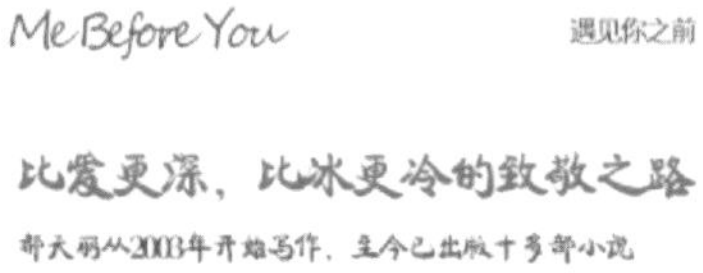

Me Before You
遇见你之前
比爱更深，比冰更冷的致敬之路

图 3-88 输入文字

Step 06 打开“字符”面板，设置各项字符参数如图 3-89 所示。使用“横排文字工具”在画布中单击输入文字内容，如图 3-90 所示。

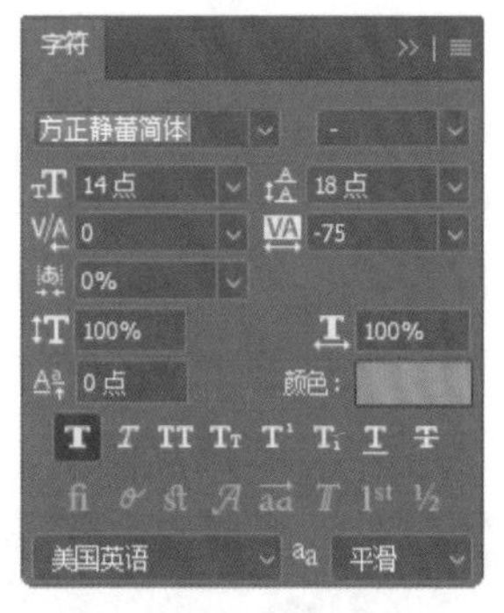

图 3-89 设置字符参数

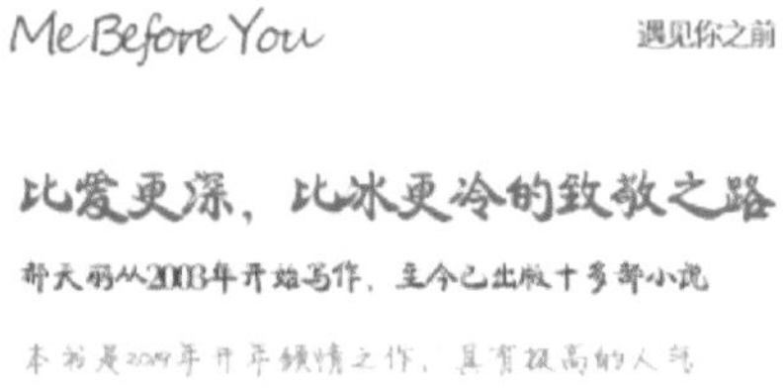

Me Before You
遇见你之前
比爱更深，比冰更冷的致敬之路

图 3-90 输入文字

Step 07 使用“横排文字工具”在画布中单击拖曳创建段落文本框，如图 3-91 所示。在打开的“图层”面板底部单击“创建新图层”按钮，打开“字符”面板，设置各项字符参数如图 3-92 所示。

图 3-91 创建文本框

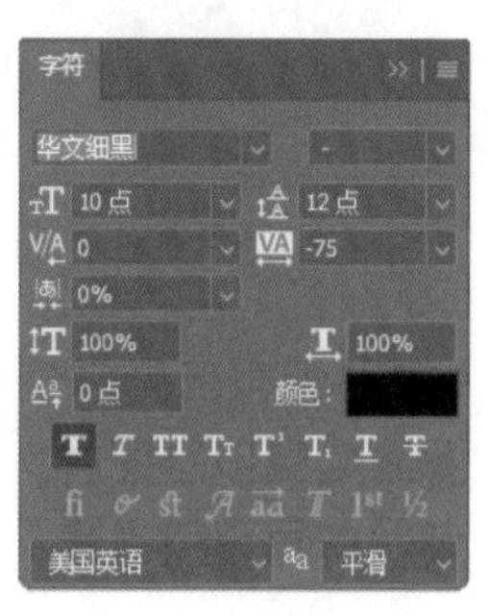

图 3-92 设置字符参数

Step 08 使用“横排文字工具”在画布的文本框中输入文字内容，如图 3-93 所示。在打开的“图层”面板底部单击“创建新图层”按钮，打开“字符”面板，设置各项字符参数如图 3-94 所示。

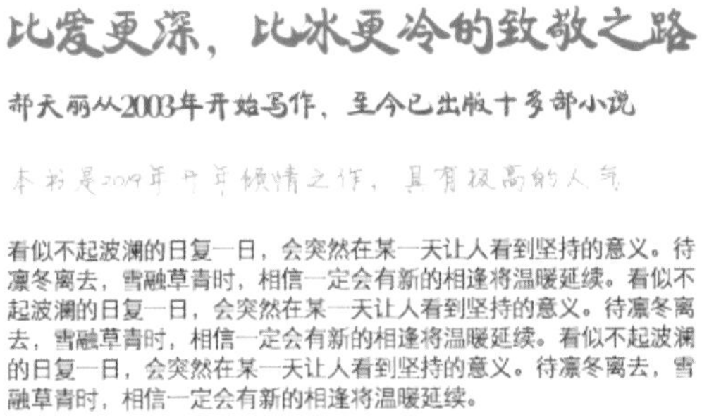

比爱更深，比冰更冷的致敬之路
郝天丽从2003年开始写作，至今已出版十多部小说
看似不起波澜的日复一日，会突然在某一天让人看到坚持的意义。待凛冬离去，雪融草青时，相信一定会有新的相逢将温暖延续。看似不起波澜的日复一日，会突然在某一天让人看到坚持的意义。待凛冬离去，雪融草青时，相信一定会有新的相逢将温暖延续。看似不起波澜的日复一日，会突然在某一天让人看到坚持的意义。待凛冬离去，雪融草青时，相信一定会有新的相逢将温暖延续。

图 3-93　输入文本

字符
华文细黑
10 点
14 点
0
-75
0%
100%
100%
0 点
颜色：
美国英语
平滑

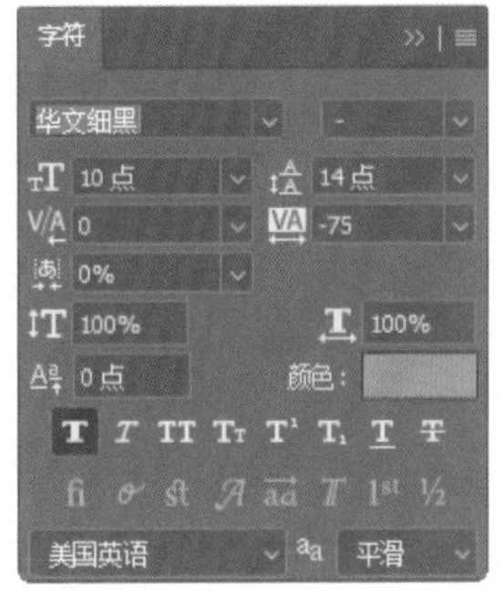

图 3-94　设置字符参数

Step 09 使用“横排文字工具”在画布的文本框中输入文字内容，如图 3-95 所示。单击工具箱中的“矩形工具”按钮，在画布中单击拖曳创建黑色矩形，如图 3-96 所示。

花十七年学会像大人那样说话，用一辈子去学像孩子一样写诗。并以此轮皎洁的明月，共祝我们拥有长久的美梦与欢喜。
写在完稿的深夜

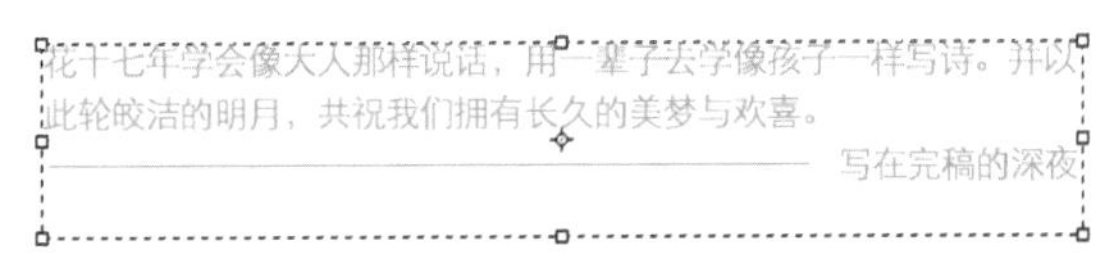

图 3-95　输入文本

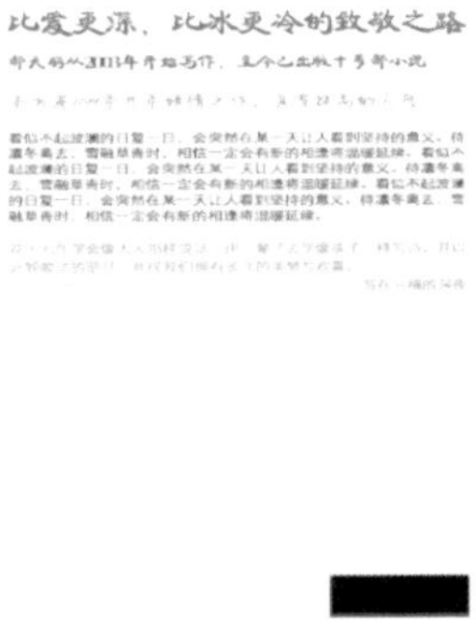

图 3-96　创建矩形

Step 10 使用相同方法完成其他文字内容的制作，如图 3-97 所示。打开“图层”面板，选中相关图层，单击面板底部的“创建新组”按钮，图层组重命名为“封底”，“图层”面板如图 3-98 所示。

Step 11 使用步骤 7 和步骤 8 的绘制方法，完成书籍封底勒口内容的制作，如图 3-99 所示。使用 P70 页“练一练”中步骤 2 和步骤 3 的绘制方法，完成勒口部分中作者图像的制作，如图 3-100 所示。使用相同方法完成相似内容的制作，如图 3-101 所示。

图 3-97　添加文字内容

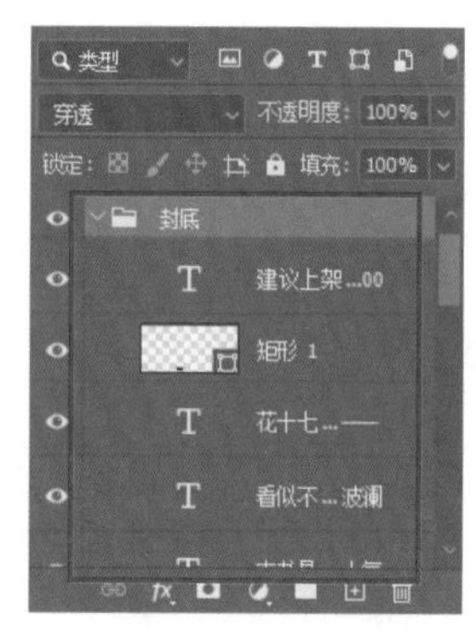

图 3-98　编组图层

图 3-99　封底勒口的制作

图 3-100　作者图像的制作

图 3-101　相似内容的制作

3.6 书籍印刷工艺

书籍印刷后道工艺包括书籍印刷上光、压光、烫金烫银、印金印银、凹凸压印和覆膜等内容，这些工艺主要针对书籍封面、护封和彩色插页等页码进行特殊处理。

3.6.1　印刷上光

印刷上光是在完成图文印刷的复制品表面，用实地印版或图文印版再印一次或两次为其添加光油，最终使印刷品表面获得光亮透明的膜层。

印刷上光可以增强油墨的耐光性能，同时提高油墨层防热、防潮的能力，还可以起到保护印迹、美化产品和替代覆膜的作用。印刷上光与覆膜相比，价格低廉、工艺简便。对于上光对象来说，既可以满版上光，也可以局部上光。

常用的上光方式包括油性上光、水性上光和 UV 上光，图 3-102 所示为使用 UV 上光的名片和画册封面。

局部 UV（文字）　　全部 UV（底纹）

图 3-102　名片和画册封面

☆ 小技巧：印刷压光

压光是上光工艺在涂上光油和热压两个机组上进行。印刷品先在普通上光机的涂布上光油，等待干燥完成再通过压光机的不锈钢带热压，经历冷却、剥离的过程，从而使印刷品表面形成镜面反射效果，最终获得高光泽。

3.6.2　印金印银

在纸张上印刷金、银墨时，通常要先铺设底色墨。例如，在书籍或名片上印刷银色油墨时，需要铺设一层浅淡的白墨，然后再印刷银色油墨，这样既可以提高银墨层的光泽度和饱和度，同时还能够加强银墨与纸张的黏附力。

- 金银墨胶印

金银墨胶印是近年来快速发展起来的新型印刷工艺，刚开始是以实地和线条印刷为主，后来逐渐发展到网点印刷，图 3-103 所示为使用金银墨胶印的画册封面。

- 金银墨凸印

金银墨凸印一般用于名片、商品包装、书刊封面、插页和精细样本等产品的印刷，图 3-104 所示为使用了金银墨凸印的名片。

图 3-103　金银墨胶印

图 3-104　金银墨凸印

• 金银墨凹印

金银墨凹印主要用于塑料和复合薄膜的印刷，由于薄膜属于非吸收性材料，还因为它具有膜面光洁、表面张力低、化学稳定性强和抗氧性等特点，这对于依靠氧化结膜干燥的金银墨来说，是不匹配的。为了提高金银墨的附着能力，在印刷前必须对塑料薄膜进行表面处理，例如电晕放电。

在塑料薄膜表面印刷金银墨时，并不需要先印底色，大多是利用图文中某种色块来起到上述作用的。目前，金银墨凹印不仅应用在塑料薄膜上，还被广泛应用到名片、邀请函和日历等纸张上，图 3-105 所示为使用了金银墨凹印的名片。

专色银墨凹印

专色金墨凹印

图 3-105　名片的金银墨凹印

☆ 提示

用于塑料凹印金银墨中的调墨油组分也与其他连结料有所不同，它不是以挥发干燥型为主的连结料，而是以氧化聚合为主的调墨油，因此，干燥方式、印刷速度、环境条件和辅助耗材必须协调起来。

3.6.3 烫金银箔

金银箔印刷也称烫金式凸印，常见于书籍的封面、包装、木板或塑胶面等经常看到的金色字体或图案，图 3-106 所示为使用了烫金银箔的书籍封面。

图 3-106 使用烫金银箔的封面设计

烫金银箔的制作方式是将所需烫金的图案或文字制成凸型版加热，然后在被印刷物上面放置所需颜色的铝箔纸，加压后其铝箔便落至被印刷物上，图 3-107 所示为机器印刷烫金银箔的过程。

由于它使铝箔无缝密接在印刷物上，所以会形成烫金字体长久不褪色的效果，这样的效果表现在纸面上，使其观赏价值极高，图 3-108 所示为使用了烫金银箔加工技术的精美书籍封面。

图 3-107 印刷烫金银箔的过程

图 3-108 精美书籍封面

3.6.4 压印

压印又被称压凸纹印刷，是在印刷品表面装饰加工的一种特殊加工技术。它使用凹凸模具，在一定的压力作用下，使印刷品基材发生塑性变形，从而对印刷品表面进行艺术加工，图 3-109 所示为使用了压印技术的书籍封面和名片。

压印在纸张表面的各种凸状图文和花纹，将显示出深浅不同的纹样，这使得书籍封面具有明显的浮雕效果，同时增强了书籍封面的立体感和艺术感染力。

图 3-109　压印技术

☆ 提示

凹凸压印是浮雕艺术在印刷上的移植和运用，它的印版类似于我国木版水印时采用的拱花方法。在纸张表面进行印刷时，不需要使用油墨而是直接利用印刷机的压力进行压印，操作方法与一般凸版印刷相同，但压力要更大一些。如果在质量要求高，或纸张比较厚、硬度比较大的情况下，也可以采用热压，即在印刷机的金属底版上接通电流。

☆ 小技巧：压印的历史

凹凸压印工艺在我国的应用和发展历史悠久。早在 20 世纪初便产生了手工雕刻印版、手工压凹凸工艺；20 世纪 40 年代已发展为手工雕刻印版和机械压印凹凸工艺；20 世纪五六十年代，基本上形成了一个独立的体系。

凹凸压印工艺多用于印刷品和纸制容器的后期加工，包括包装纸盒、装潢用瓶签、商标、书籍装帧、日历和贺卡等。具体表现为书籍装帧利用凹凸压印工艺，再配合深浅与粗细相结合的艺术表现手法，使书籍装帧的外观在艺术上得到更完美的体现，如图 3-110 所示。

图 3-110　使用压印技术的纸张

3.6.5 覆膜

覆膜工艺是纸张印刷之后的一种表面加工工艺，它又被称为印后过塑、印后裱胶或印后贴膜。覆膜是指用覆膜机在印品的表面覆盖一层厚度为 0.012 ～ 0.020mm 的透明塑料薄膜，这是一项会使纸塑合一的产品加工技术，表 3-3 所示为根据不同内容对覆膜进行划分。

表 3-3 覆膜的种类划分

根据工艺划分	根据材料划分
即涂膜	预涂膜
亮光膜	亚光膜

作为保护和装饰印刷品表面的一种工艺，覆膜在印后加工中占有很大的市场份额，经过覆膜的书籍封面会拥有如表 3-4 所示的各类优点。

表 3-4 使用覆膜工艺的优点

覆膜影响面	优 点
书籍封面的触感	更加平滑、光亮、耐污、耐水和耐磨
书籍封面的颜色	更加鲜艳夺目、不易被损坏
书籍封面的使用性	加强耐磨性、耐折性、抗拉性和耐湿性，保护书籍封面的外观效果，提高书籍封面的使用寿命
弥补质量缺陷	许多在印刷过程中出现的表观缺陷，经过覆膜以后（尤其使用亚光膜后），都可以被遮盖

覆膜工艺在我国被广泛应用于各类包装产品和印刷品，如图 3-111 所示。使用覆膜的产品包括各种装订形式的书籍、杂志、画册、挂历和地图等，它是一种很受欢迎的印刷品表面加工技术。

覆亚光膜

覆亮光膜

图 3-111 应用覆膜技术的画册和名片

3.7 举一反三——设计制作科技类图书封面

微视频

素材

源文件：第 3 章\3-7.psd　　　　　视频：第 3 章\3-7.mp4

通过学习本章的相关知识点，读者应该对书籍装帧的形式设计有了一定的认识。下面利用所学知识和经验，设计制作科技类书籍封面。

Step01 在 Illustrator 中新建文件并创建辅助线，绘制如图 3-112 所示的图形。

Step02 导入图片并创建剪切蒙版，如图 3-113 所示。

Step03 使用“文字工具”输入文字内容，并导入条形码，效果如图 3-114 所示。

Step04 在“图层”面板中创建 UV 印刷工艺，如图 3-115 所示。

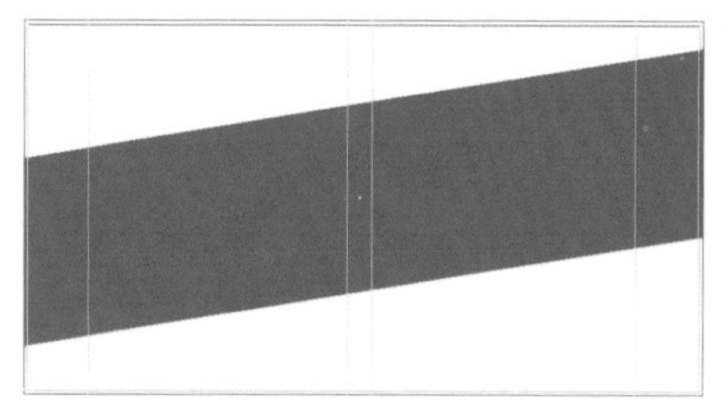

图 3-112　新建文件并绘制图形

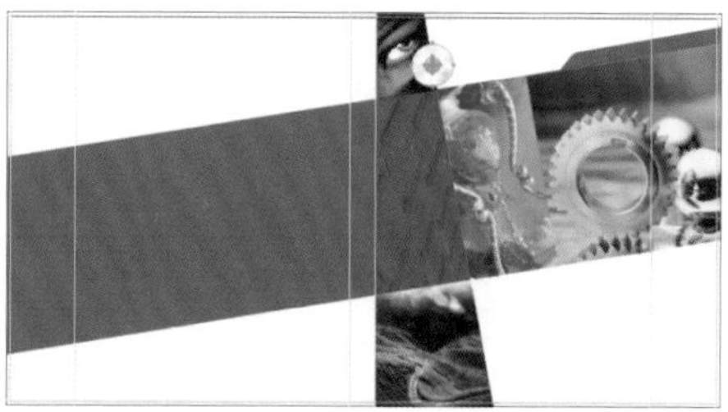

图 3-113　导入图片并创建剪切蒙版

图 3-114　输入文本内容

图 3-115　创建 UV 印刷工艺

☆ 提示

如果书籍封面添加了 UV 设计和烫金设计，那么应该为印刷厂提供 TIFF 格式的封面设计文件。

3.8 本章小结

本章重点介绍了书籍装帧中封面设计的表现方法和作用，以及印刷工艺的相关知识。通过设计制作两款完整的书籍封面，介绍了封面设计的内容和表现方法。通过本章内容的学习，读者应可以独立完成书籍封面设计相关工作。

第4章

书籍装帧的版面设计

本章主要内容

版面设计是指设计人员根据设计主题和视觉需求，在预先设定的有限版面内，运用造型要素和形式原则，根据特定主题与内容的需要，将文字、图片、图形及色彩等视觉传达信息要素，进行有组织、有目的的组合排列的设计行为与过程。本章将针对书籍装帧设计中的版面设计进行讲解。

4.1 版面设计的内容

书籍的版面设计包括篇章页、版心的设置、文字的编排、图片的编排以及页眉、页脚和页码等内容。接下来逐一进行讲解。

4.1.1 篇章页

一本书中，会将主题思想分为几个章节分类讲解，各个章节的内容也都有其自己的侧重点。篇章页的设计能将不同的章节隔开，起到一个起承转折的作用，给读者在视觉上造成阶段性和层次性的体验，同时让读者在长时间的阅读状态下得到缓解。图 4-1 所示为精美的篇章页设计。

图 4-1 书籍篇章页设计

精美的篇章页设计，可以起到装点书籍内文的作用。经过设计师精心设计的篇章页，有的显示出了浓郁的民族传统意味；有的带有几分现代感；有的则是水墨式的漫画风格。

篇章页向读者展示的内容，既为突出其章节进行设计，也为设计师围绕整体书籍，构造一种整体意境而服务。图 4-2 所示为不同风格的篇章页设计。

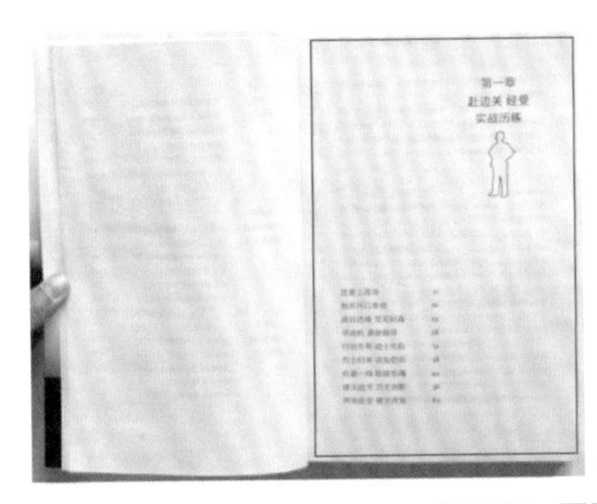

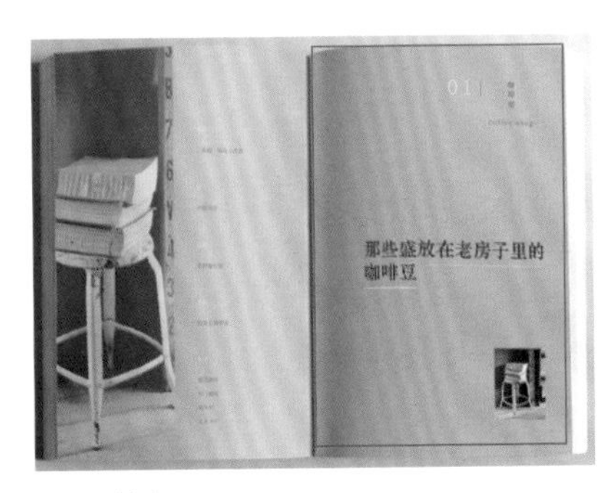

图 4-2 不同风格的篇章页

4.1.2 版心的设置

书籍的版心也被称为版口或书口，它有两个含义：其一是指图书每一个版面上的文字、图形、图表、公式、附录和索引等组成全书的元素；其二是指线装书中书页正中的折页部位，这里的版心一般印有书名、卷数和页码等内容。

版心在版面上所占幅面的大小，对书籍版式的美观有很大的影响。不同开本的版心规格也各不相同，设计师可以根据书籍主体内容及容量来确定版心的规格。图 4-3 所示为两款不同的版心设计。

图 4-3　不同的版心设计

版心是一本书籍的基础，也是这本书籍的灵魂，没有版心就不能称其为书。因为版心设计需要在整体书籍装帧过程中进行排版，所以书籍版心与书籍各个部分的设计风格要保持一致。图 4-4 所示为两款不同的书籍版心设计。

图 4-4　两款不同书籍的版心设计

版心设计首先需要进行的是版面的排版布局。版心两边的页边距需要设计的宽大一些，为读者提供视觉上的停留位置，同时天头和地脚略宽的设计也会给人较为稳重的感觉，如图 4-5 所示。

☆ 提示

版心的大小选择要适中，诗歌、生活和艺术类的书籍，书页左、右两侧的页边距往往要设计的宽一些，给人以悠闲、轻松的气氛。

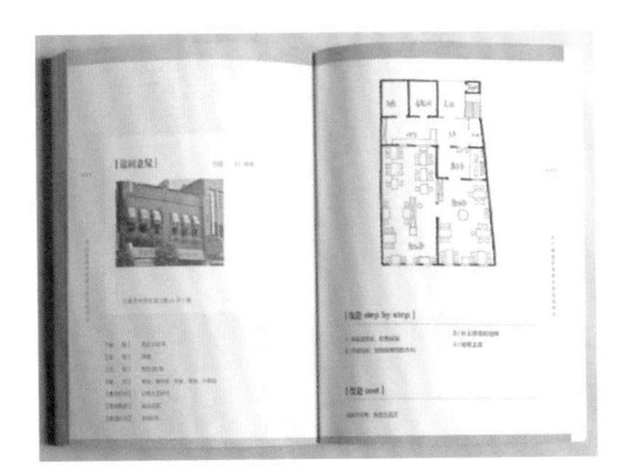

图 4-5　版心中的页边距设计

版心设计中图形的选择至关重要，设计师一定要选择造型优美、生动活泼、形式感强和贴合主题的图形元素。

版心中的文字可以围绕图形的走势进行编排。设计师在排列文字时，要遵循大小对比和疏密对比的排版方式，以便达到突出醒目、灵活多变的视觉效果。图 4-6 所示为版心中图形和文字的排版设计。

图 4-6　版心中图形和文字的设计

版心设计中，背景色一般情况下多为白色，能够带给读者简练和整洁的印象。设计师也可以根据文字的内容为版心添加颜色，不仅可以突出主题颜色，还可以装饰书籍版心页面，如图 4-7 所示。

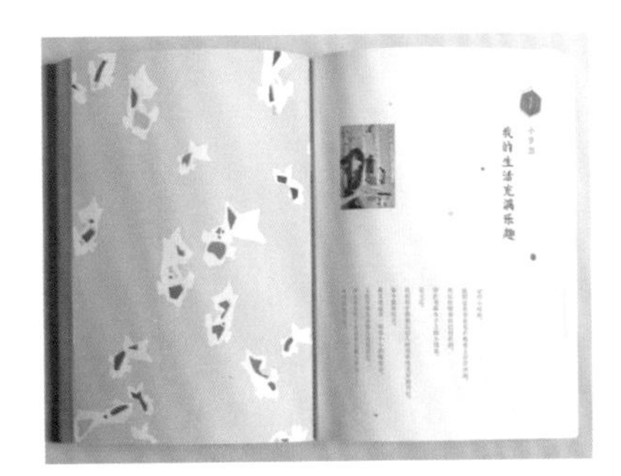

图 4-7　版心中的色彩

☆ 提示

设计师可以在版心页面中适当加入一些色彩鲜艳的图框元素，使页面更具阅读效果，也更有层次性和韵律感。

4.1.3 天头与地脚

天头和地脚是指书籍版心中上、下的空白部分，上面空白部分被称为天头，如图 4-8 所示；下面的空白部分被称为地脚，如图 4-9 所示。天头中最常出现的就是书眉。地脚常用于显示书籍的附加信息，设计师可以在地脚中插入文本或图形，例如页码、特殊日期介绍、徽标简介、名词释义、参考文献或人物介绍等。

图 4-8 版心中的天头

图 4-9 版心中的地脚

☆ 提示

我国古装线装书的天头空白大于地脚，而西式书籍通常天头和地脚的空白相等，或地脚空白大于天头。

天头、地脚常常因为面积相对版心要小很多，且位置分散，采用大块的图或其他形式来装饰显得不切合实际。设计师通常使用抽象的点、线、小色块来进行装饰。它们或独立于版面上，或与书眉、页码组合在一起构成新的形式，既对版面起到了分割作用，又很好地体现了设计的时代感。

4.1.4 书眉与中缝

书眉是书籍版心中每个页面的顶部区域，常用于显示书籍的相关名称，设计师可以在书眉中插入图形、出版公司徽标、书籍名称或章节标题等，如图 4-10 所示。横排页的书眉印在天头靠近版心的位置，直排页的书眉印在版心外切口上端的位置。

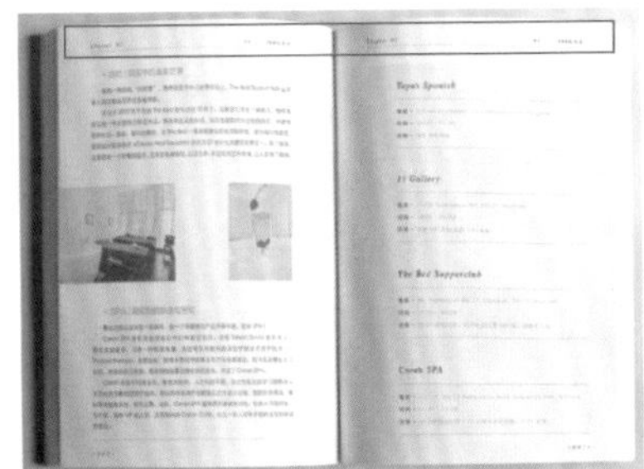

图 4-10　版心中的书眉

☆ 小技巧：书眉的标注设计

一般情况下，单页码标注章节标题，双页码标注篇题；如果没有篇题，则单页码标注章节标题，双页码标注书籍名称。为了方便搜索，字典、词典和手册等工具书的书眉大多排有部首、笔画、字头和字母等内容。

中缝是指书籍版心两个页面相连接的缝隙，中缝的作用主要是连接两个页面和易于翻阅。图 4-11 所示为横排书籍中缝的位置。

图 4-11　版心中的中缝

☆ 提示

杂志的书眉一般会印有刊名、卷号、期号和出版年月等，设计书眉时既要有视觉上的美感，又要与书籍装帧的整体风格保持一致。

微视频

☆练一练——设计制作书籍页面的书眉☆

源文件：第 4 章 \4-1-4.indd　　　　视频：第 4 章 \4-1-4.mp4

素材

• 设计分析

书眉能够起到引导、方便读者阅读的作用，更有美化版面、调节视角、平衡感官的功能。横排页的书眉一般位于页面上方。奇数页上的书眉放置节名，偶数页上的书眉放置章名。设计书眉时，要充分发挥想象力，调用点、线、块、框、字体和符号，利用黑白灰或多色系，冷暖调等来装饰书眉，美化版面。让读者眼睛不疲劳，轻松阅读。图 4-1 所示为本案例中设计制作的书眉效果。

图 4-12　书眉效果

• 制作步骤

Step 01 打开 InDesign CC 2020 软件，执行“文件”→“新建”→“文档”命令，设置新建文档的各项参数，如图 4-13 所示。单击“边距和分栏”按钮，在弹出的“新建边距和分栏”对话框中设置参数如图 4-14 所示。

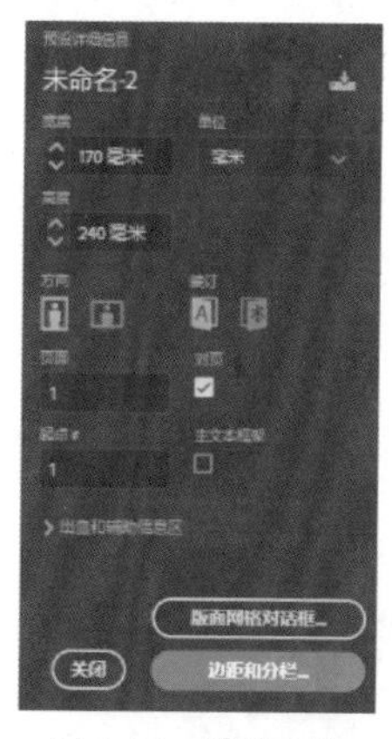

图 4-13　新建文档

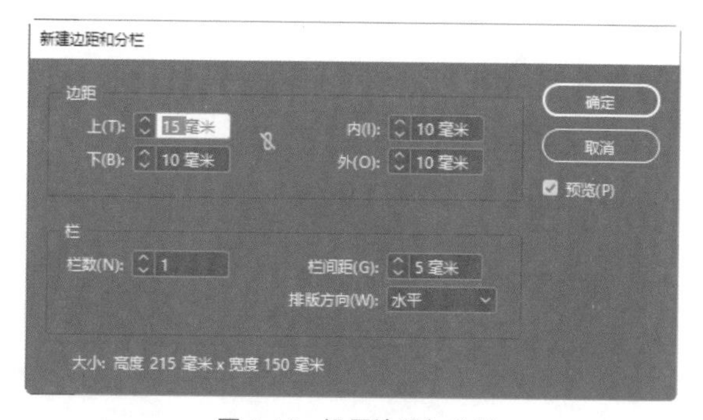

图 4-14　设置边距与分栏

Step 02 打开“页面”面板，单击面板上部的“A- 主页”选项右侧的图标，如图 4-15 所示。进入母版编辑页面，如图 4-16 所示。

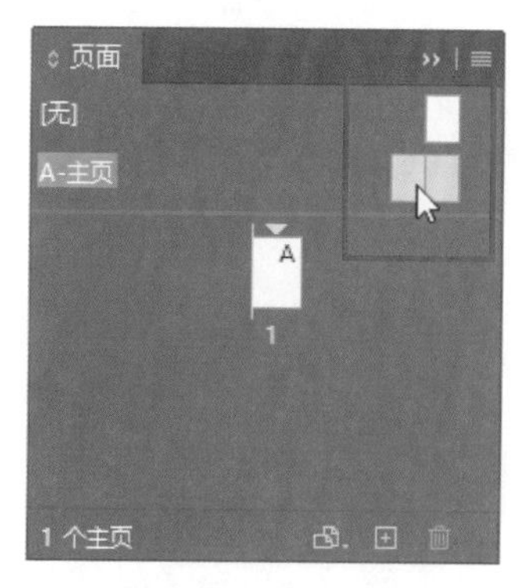

图 4-15　“页面”面板

图 4-16　母版编辑页面

Step03 单击软件界面右上角的“基本功能”选项，在弹出的快捷菜单中选择“排版规则”选项，如图 4-17 所示。单击工具箱中的“直线工具”按钮，在左侧页面顶部单击拖曳创建直线，设置描边颜色为 CMYK（48，80，70，10），效果如图 4-18 所示。

图 4-17　设置排版规则　　图 4-18　创建直线形状

Step04 单击工具箱中的“添加锚点工具”按钮，在画布的直线上添加两个锚点，如图 4-19 所示。单击工具箱中的“直接选择工具”按钮，选择两个锚点并向上移动，如图 4-20 所示。

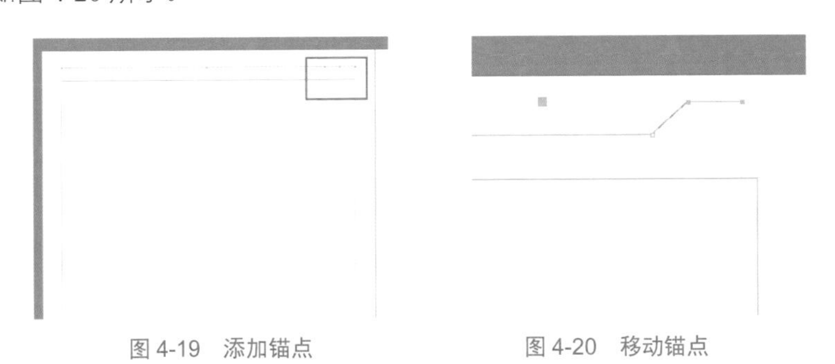

图 4-19　添加锚点　　图 4-20　移动锚点

Step05 使用步骤 4 的制作方法，继续在直线上添加两个锚点，并使用“直接选择工具”拖动调整到如图 4-21 所示位置。

图 4-21　添加锚点并移动位置

Step06 单击工具箱中的“钢笔工具”按钮，在画布中连续单击创建如图 4-22 所示的三角形。在选项栏中，设置“填色”颜色为 CMYK（32，34，54，0），效果如图 4-23 所示。

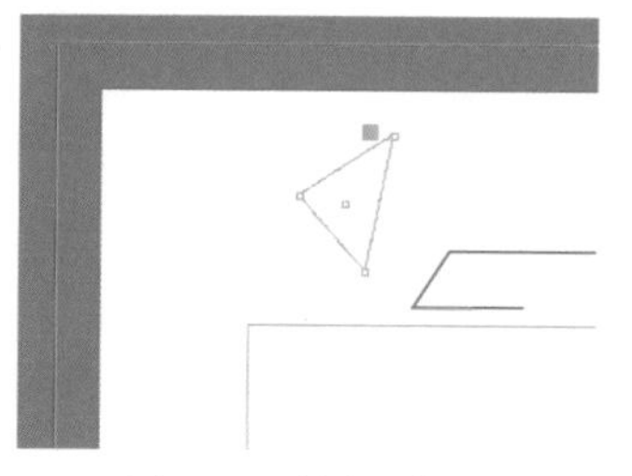

图 4-22　创建三角形

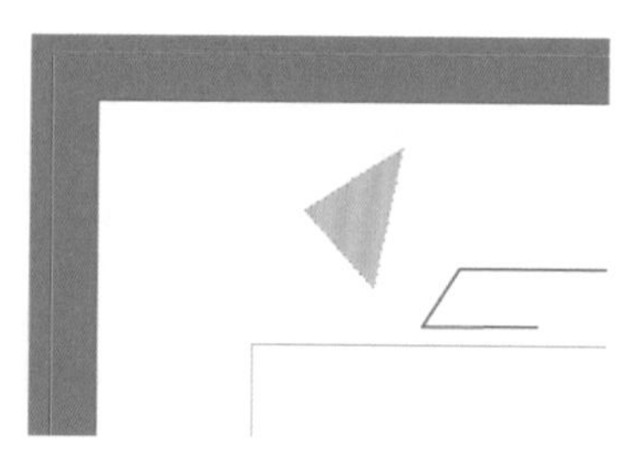

图 4-23　为形状填色

Step07 使用相同方法完成相似三角形形状内容的制作，分别设置不同的填充颜色，效果如图 4-24 所示。执行“对象”→“排列”命令，调整三角形的顺序如图 4-25 所示。

图 4-24　完成三角形的创建

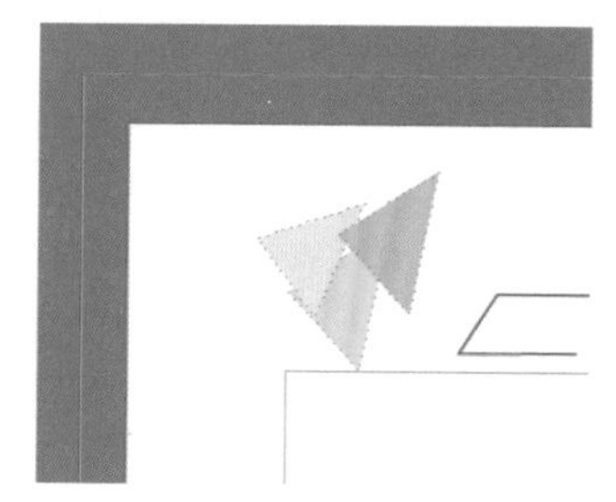

图 4-25　调整图形顺序

Step08 单击工具箱中的“直线工具”按钮，在右侧页面顶部单击拖曳创建直线，设置描边颜色为 CMYK（48，80，70，10），效果如图 4-26 所示。

图 4-26　创建直线

Step09 单击工具箱中的“文字工具”按钮，在左侧页面顶部单击拖曳创建文本框，如图 4-27 所示。打开“字符”面板，设置各项字符参数如图 4-28 所示。

图 4-27　创建文本框

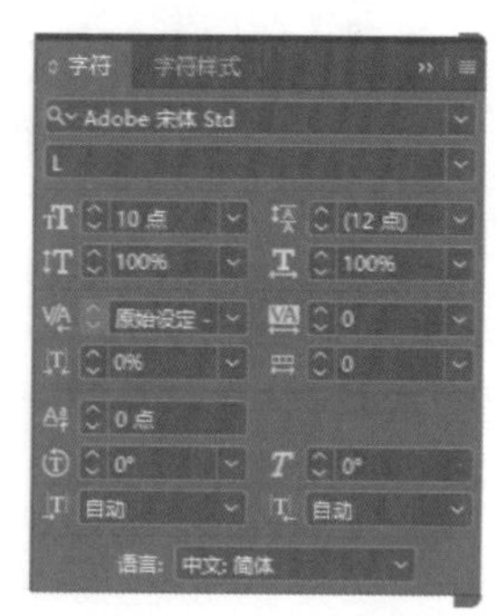

图 4-28　设置字符参数

Step10 在文本框中输入如图 4-29 所示的文字。使用步骤 9 和步骤 10 的制作方法，完成页面右侧顶部文字内容的输入，如图 4-30 所示。

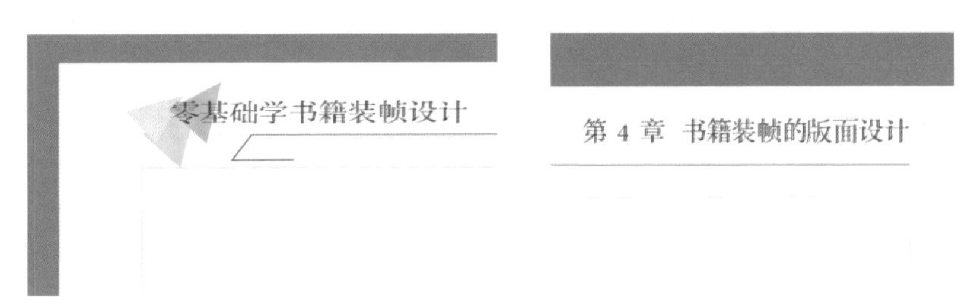

图 4-29 输入文字　　图 4-30 完成右侧页眉的制作

Step11 使用“椭圆工具”和“直线工具”在画布中创建正圆形状和直线形状，如图 4-31 所示。选中数字 4，在选项栏中修改文字颜色为白色，完成页眉的设计制作，效果如图 4-32 所示。

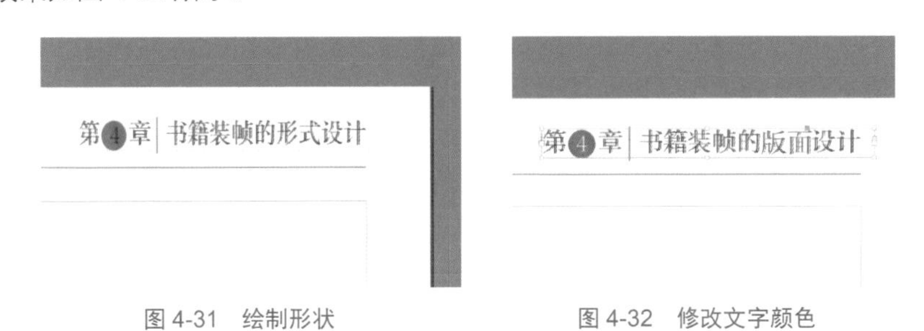

图 4-31 绘制形状　　图 4-32 修改文字颜色

4.1.5 页边距与页码

页边距是指页面四周的空白区域，如图 4-33 所示。页边距具体来说就是页面到边线或边线到文字的距离。一般情况下，版心中除了页边距以外，都是可打印区域，为了获得整齐美观的版面效果，设计师必须将文字和图形插入到可打印区域中。

图 4-33 页面中的页边距

页码是指书籍版心中每一个页面上标明次序的号码或数字，如图 4-34 所示。页码的作用是统计书籍版心的面数，便于读者翻阅与多次查看。

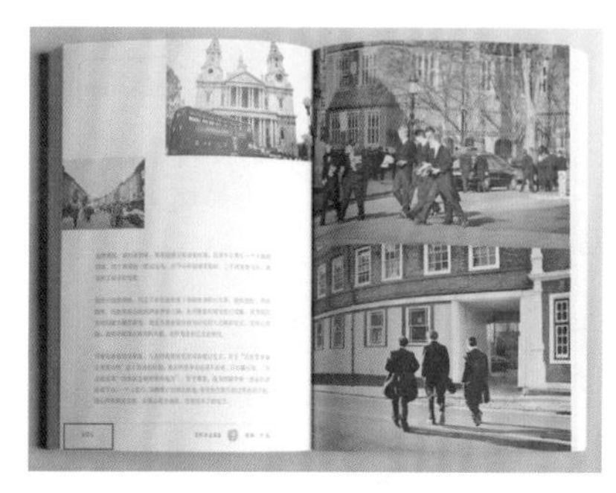

图 4-34　版心中的页码设计

☆ 提示

一般情况下页边距只会空白或者放置一些抽象的图像或图形。但是为了获得更富个性的设计效果，页边距区域中也可以放置页眉、页脚和页码等内容。

☆练一练——设计制作书籍页面的页码☆

微视频

源文件：第 4 章 \4-1-5.indd　　　　视频：第 4 章 \4-1-5.mp4

• 设计分析

素材

页面中的页码设计要考虑文字、空间和编排密度。如果页码设计编排得过于紧凑，会让人产生一种窒息感。合理地应用空间会有截然不同的视觉效果，页码设计元素也表达得更加明朗、准确。要实现好的页码设计效果，并不是要加入多少设计元素，而是应该考虑去掉那些无用的设计元素。

• 制作步骤

Step01 打开 Photoshop CC 2020，执行“文件”→“新建”命令，设置新建文档的各项参数，如图 4-35 所示。使用“矩形工具”在画布中拖曳创建矩形，如图 4-36 所示。

Step02 使用“直接选择工具”选中矩形形状左上角的锚点，向右拖曳，弹出如图 4-37 所示的提示对话框。单击“是”按钮，继续向右移动锚点，如图 4-38 所示。

Step03 使用“矩形工具”在画布中单击拖曳创建如图 4-39 所示的矩形。使用“直接选择工具”调整矩形锚点效果如图 4-40 所示。

Step04 使用“转换点工具”调整锚点，图形效果如图 4-41 所示。复制形状后，执行“编辑”→“变换路径”→“水平翻转”命令，图形效果如图 4-42 所示。

图 4-35 新建文档

图 4-36 绘制矩形

图 4-37 提示对话框

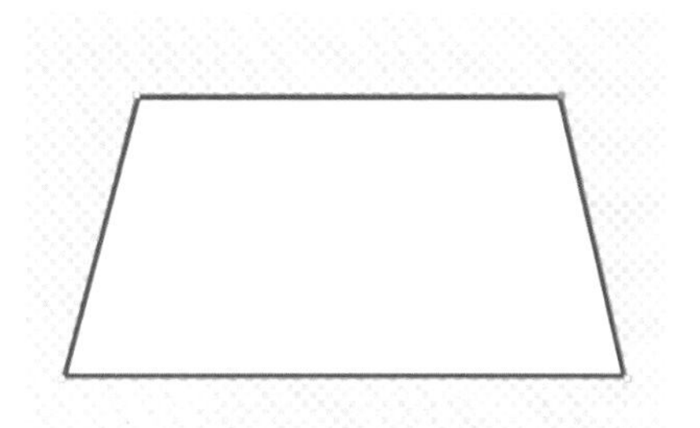

图 4-38 调整形状

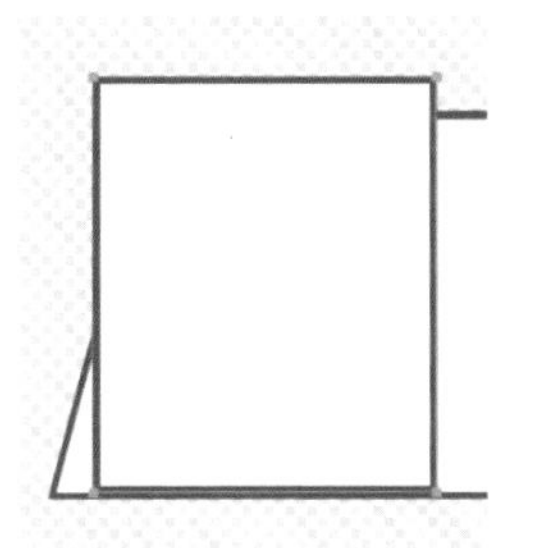

图 4-39 绘制矩形

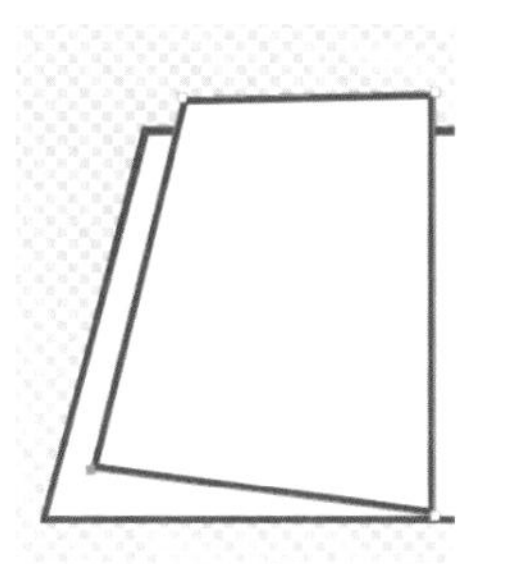

图 4-40 调整形状

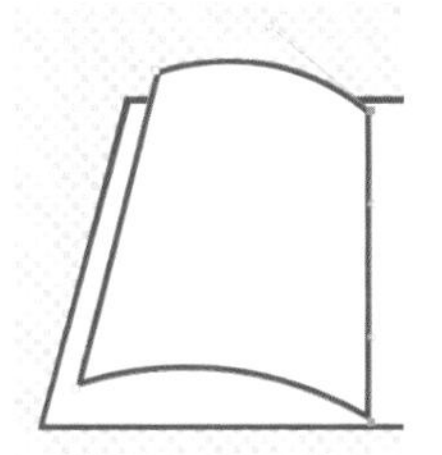

图 4-41 调整锚点

图 4-42 复制并水平翻转图形

Step 05 使用步骤 3 和步骤 4 的绘制方法，完成书页形状的制作，效果如图 4-43 所示。使用“圆角矩形工具”在画布中创建圆角矩形并调整图层顺序到最底层，如图 4-44 所示。

图 4-43　完成书页形状制作

图 4-44　创建圆角矩形

Step 06 选中所有图层，使用组合键 Shift+Ctrl+E 盖印图层，隐藏除盖印图层以外的其他图层，如图 4-45 所示。使用“矩形选框工具”在画布中创建如图 4-46 所示的选区。

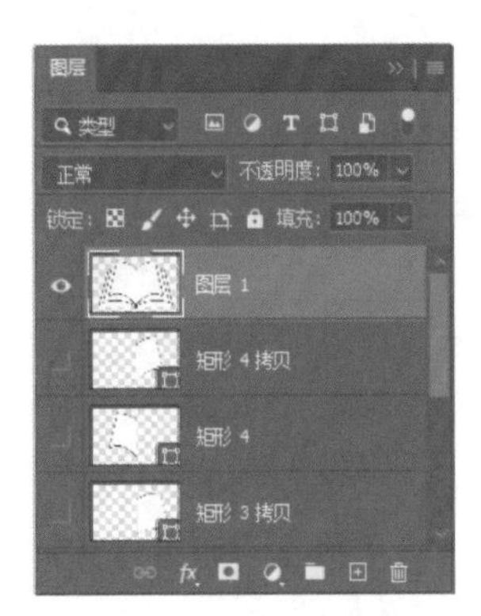

图 4-45　盖印图层

图 4-46　创建选区

Step 07 设置前景色为白色，使用“油漆桶工具”在选区中单击填充白色，使用组合键 Ctrl+D 取消选区，如图 4-47 所示。执行“文件”→“另存为”命令，在打开的“另存为”对话框中设置图片名称，如图 4-48 所示。

Step 08 使用 InDesign CC 2020 软件打开“4-1-1.indd”文件，进入“A- 主页”编辑页面，执行“文件”→“置入”命令，在打开的“置入”对话框中选择书页图像，如图 4-49 所示。单击“打开”按钮，在页面底部中间位置单击拖曳置入图像，效果如图 4-50 所示。

Step 09 单击工具箱中的“文字工具”按钮，在画布中单击拖曳创建文本框，文本框处于键入状态，如图 4-51 所示。打开“页面”面板，执行“文字”→“插入特殊字符”→“标志符”→“当前页码”命令，如图 4-52 所示。

图 4-47 填充选区

图 4-48 保存图片

图 4-49 置入图像

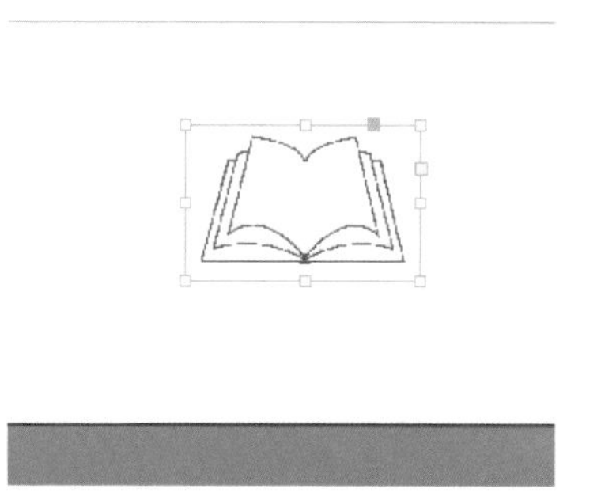

图 4-50 置入图像效果

图 4-51 创建文本框

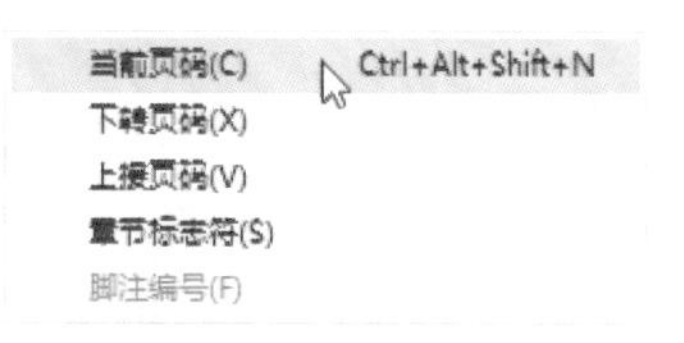

图 4-52 选择“当前页码”命令

Step 10 选中图像和文本框，按下组合键 Ctrl+C 复制图像和文字，激活右侧页面，按下组合键 Ctrl+V 粘贴图像和文字，如图 4-53 所示。页面应用母版效果如图 4-54 所示。

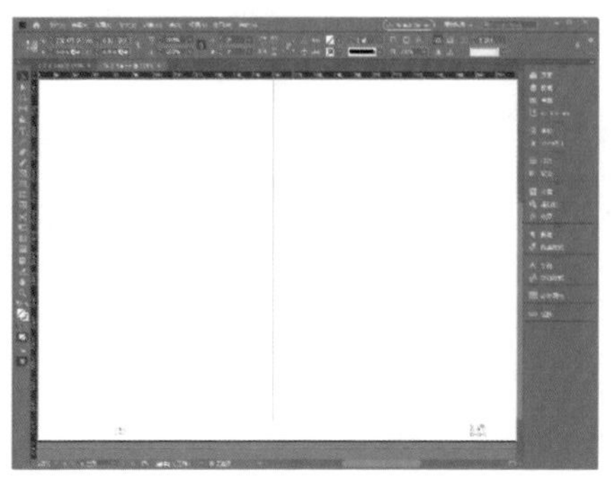
图 4-53　复制粘贴页码

图 4-54　母版应用效果

4.2 分割版面的方法

通常情况下书籍版面中元素很多，为了获得好的布局效果，要采用恰当的方式分割版面，常用的场景分割版面的方式有以颜色分割版面、以图形分割版面和以文字分割版面 3 种。

4.2.1　以颜色分割版面

图 4-55 所示的书籍内页版面中采用多种不同颜色的色块与图片相互拼接，给人以强烈的视觉感受，版面中的内容根据色块的位置不规则摆放，自由无拘束。版面中每部分内容条理清晰，整个版面给人以强烈的艺术感和设计感，具有独特的个性与创意。

图 4-56 所示的书籍版面虽然被分为左、右两部分，但是版面中的颜色、图片与文字的编排贯穿整个版面，使整个版面形成了完整统一的视觉感受。

版面中左侧使用小面积的蓝色作为装饰，增强了版面活跃氛围。版面右侧与左侧对比，使用了更大面积的蓝色色块来烘托版面，整个版面色调一致、风格统一、主题突出。

图 4-55　以颜色分割版面

图 4-56　使用颜色完成版面分割

4.2.2 以图形分割版面

图 4-57 所示的书籍内页采用白色作为背景，使用不同形状的图像和图形分割版面，在丰富版面内容的同时给读者以饱满和充实的视觉感受，并可以增强版面整体的活跃气氛，避免版面颜色过于单一的乏味感。

图 4-57 图形分割版面

4.2.3 以文字分割版面

图 4-58 所示的书籍版面设计中以青色为主色调，白色为背景，黑色为文字颜色，可以更好地衬托版面内容。版面中使用较大的文本分割版面，具有一定的视觉特征，与版面中黑白图像的大图形成了对比，使版面内容更具生气与活力。版面中不同的文字排列方向为读者分割版面，减轻了读者的阅读难度。

图 4-58 文字分布划分版面

☆ 小技巧：版面设计的一些小技巧

①段落文字需具有相同的间隔。书籍版面设计中，段落文字之间间隔需相同，使版面不仅具有规律统一的视觉感受，同时也具有较强的韵律感。

②设置文字标题的颜色。版面设计中还可以为标题文字设置与主色调相邻或相同的颜色，让其点缀、活跃版面的整体气氛，但又不影响版面整体的设计感。

③适当留白。版面设计中还可以适当留白，留白部分可以缓冲版面的视觉，避免版面中文字过多而造成的紧张感。

4.3 装帧设计中版面的形式

在书籍装帧设计中，版面是必不可少的设计要素，一个好的版面设计，既要在现有的版面形式上创新，使其具有新意和形式美，更要注重版面的文化内涵，使版面的形式设计发挥如虎添翼的作用，进而增强书籍的社会价值与艺术境界。下面针对常见的版面形式进行讲解。

4.3.1 骨骼型版面

骨骼型是规范的、理性的分割方式。骨骼的基本原理是将版面刻意按照骨骼的规则，有序地分割成大小相等的空间单位。

骨骼型版面可分为竖向通栏、双栏、三栏、四栏等，且大多版面都应用竖向分栏。在版面文字与图片的编排上，严格按照骨骼分割比例进行编排，给人以严谨、和谐、理性和智能的视觉感受。图 4-59 所示为骨骼型版面的原型示意和实际的版面设计。

图 4-59　骨骼型版面

☆ 小技巧：骨骼型版面的设计理念

文字信息严格按照骨骼的分割比例进行编排，给人以规矩、理智的视觉感受。版面标题效果创意独特，将左上角做出阳光散射的效果，使画面产生了较强的空间感。运用黄金比例将右侧进行分割，使其层次分明。图文并茂，色调统一，字体的大、小形成对比，强调了版面的主次关系。

4.3.2 对称型版面

对称形式可以应用到任何的平面设计中，版面设计也不例外。对称型构图即版面以画面中心为轴心，进行上、下或左、右对称的排版设计。

对称型版面构图包括绝对对称型与相对对称型两种类型。为了避免书籍版面过于严谨带给读者紧张的情绪，大多数情况下，设计师通常会使用相对对称的版面构图。表 4-1 所示为两种对称版面类型的介绍。

表 4-1 对称型版面的类型介绍

类　型	介　绍
绝对对称	绝对对称即上、下和左、右两侧是完全一致的，并且两个对称的图形必须是完整的，如图 4-60 所示 图 4-60 绝对对称版面
相对对称	相对对称即上、下或左、右两侧的对称元素略有不同，但是无论是横版对称还是竖版对称，版面中都会有一条中轴线，如图 4-61 所示 图 4-61 相对对称版面

4.3.3 分割型版面

分割型版面即版面被任意分为上、下和左、右或不规则形式等两部分或多部分，其版面内容多以文字和图片相结合的形式出现。图片部分感性而不失活力，文字部分理性而又文雅。图 4-62 所示为分割型版面的原型示意与实际的版面设计。

左、右分割即版面分割为两部分或多部分，为保证版面平衡和稳定的视觉感受，设计师可以将文字穿插于图形中，这样在不失美感的同时保持了重心平稳。

图 4-62　分割型版面

☆ 小技巧：分割型版面的设计理念

设计分割型版面时，版面中以主题图片为对称点，同时设置文字位于版面的显眼位置，并为文字设计留白，这样的版面设计可以给读者一种明确的视觉感受。版面的配色设计，一般情况下选用中性色（黑、白、灰）为背景色，绿色为主题色，给读者一种无害的视觉印象。主题色选用与图片具有象征意义的颜色，进而增强设计目的，给读者以强烈的安全感和形象感。

4.3.4　满版型版面

满版型版面即以图像填充整个版面，文字放置于版面中的各个位置。满版型版面主要以图片传达主题信息，通过最直观的表达方式，向读者展示书籍的主题思想。图 4-63 所示为满版型版面的原型示意与实际的版面设计。

图 4-63　满版型版面

图片与文字相结合，使版面图文并茂并富有层次感，同时也增强了版面的主题传达力度以及版面宣传力度。满版型构图是商业类版面设计的常用构图方式。图 4-64 所示为时尚杂志使用了满版型构图的版面原型与实际的版面设计。

图 4-64　满版型版面

☆ 小技巧：满版型版面的设计理念

满版型版面的构图饱满，如果两侧放置文字，则可以稳定整体画面，同时增强版面的层次感。使版面整体色调和谐统一，给读者以大气、舒展的视觉感受。

4.3.5　曲线型版面

曲线型构图就是将版面中有限的视觉元素进行规律和变化排版设计，规律和变化的排版是指将各个元素做曲线的分割或图像构成，使读者的视觉移动方向按照曲线的走向而流动，最终使版面设计具有延展、变化的特点，进而产生韵律感与节奏感，如图 4-65 所示。

图 4-65　具有延展特点的版面

曲线型版面设计具有流动、活跃、顺畅和轻快的视觉特征，且遵循美的原理与法则，具有一定的秩序性，进而形成雅致、流畅的视觉感受。图 4-66 所示为使用了曲线型版面的原型和实际的版面设计。

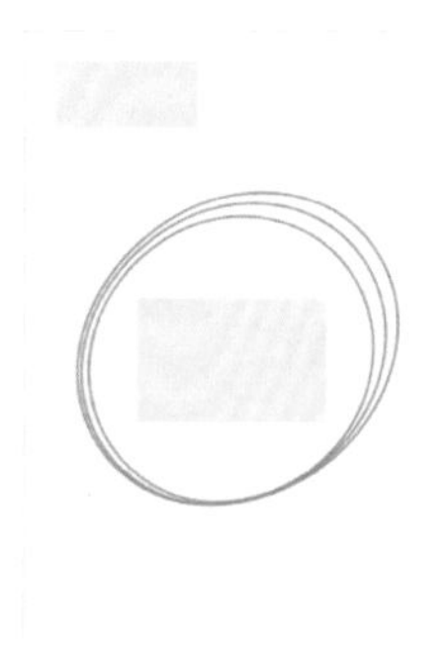

图 4-66　曲线型版面设计

⊙ 4.3.6　倾斜型版面

倾斜型构图即将版面中的主体形象或图像、文字等视觉元素进行一定角度的倾斜排版设计。倾斜型构图会使版面产生强烈的动感和不安定感，是一种非常个性和引人注目的构图方式，图 4-67 所示为使用了倾斜型构图的版面设计。

图 4-67　倾斜型版面设计

☆ 提示

倾斜程度、版面主题、版面中图像的大小、方向和层次等视觉因素都可以决定版面的动感程度。在运用倾斜型构图时，要根据主题内容来掌控版面元素的倾斜程度与重心。

⊙ 4.3.7　放射型版面

放射型构图即按照一定的规律，将版面中的大部分视觉元素从版面中某点向外散射，营造一种较强的空间感与视觉冲击力。放射型构图也叫聚集式构图，放射型构图有着由外而内的聚集感与由内而外的四射感，这使得版面中的视觉中心强化突出。

图 4-68 所示为使用了放射型构图的原型版面和实际版面设计，该版面设计以书籍名称为中（重）心点，其放射元素位于名称右侧周围，突出书籍名称视觉重心点的位置，同时也起到了点明主题的作用。

封面中以浅灰色为背景色，黑色为主题色，白色为辅色，三种中性色给读者一种强烈的视觉冲击，同时非黑即白的视觉感受也符合“绯闻”这个一题两用的谈论点。

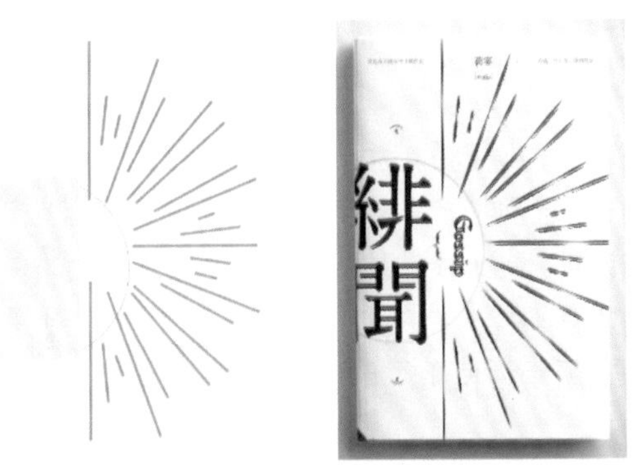

图 4-68 放射型版面设计

4.3.8 三角形版面

三角形构图即主题视觉元素被放置在版面中的三个重要位置，使之形成三角形。在所有图形中，三角形是极具稳定性的图形，图 4-69 所示为使用了三角形构图的原型版面和实际版面设计。

图 4-69 三角形版面设计

读者在设计三角形版面时，任意选用版面中的 3 种元素，将其摆放在三角形构图的三个点使其构成三角形，给人一种严谨、稳定的视觉感受。三角形构图被分为正三角、倒三角和斜三角 3 种构图方式，3 种构图方式有着截然不同的视觉特征，如表 4-2 所示。

表 4-2　三角形版面构图特征

三角形构图分类	特　征
正三角形	使书籍版面具有稳定感和安全感
倒三角形	使版面充满了不稳定因素，为读者带来充满动感的视觉感受
斜三角形	使版面具有倾斜感，大多数设计师为了避免版面过于严谨，会选用斜三角形的版面设计

4.3.9　自由型版面

自由型构图是没有任何限制的版面设计，即在版面构图中不用遵循任何规律。对版面中的可视元素进行宏观把控，随意但不随便地进行排版设计。

自由型构图需要设计师准确地把握版面的整体协调性，使版面产生美观、轻快和多变的视觉特征，拥有不拘一格的特点。自由型版面设计是最能够展现设计师创意的构图方式，图 4-70 所示为使用了自由型构图的版面设计。

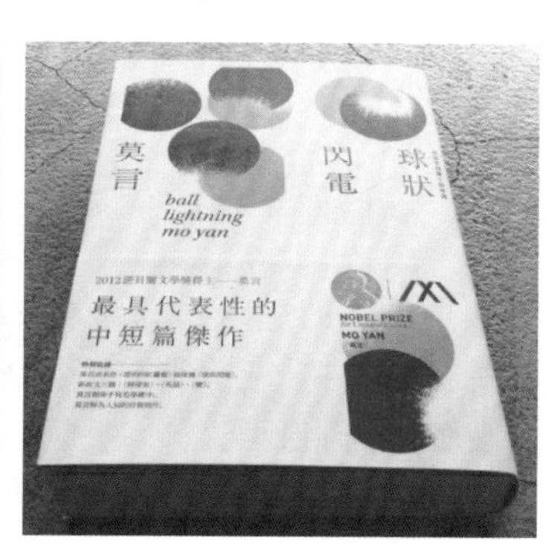

图 4-70　自由型版面设计

☆ 小技巧：自由行版面的设计理念

自由型构图封面以文字为主，自由的排版设计与色块相搭配，使其形成了自由随性但不随便的艺术美感。明快的色彩具有较强的视觉冲击特点，进而增强书籍版面的视觉效果。封面最好以中性色为背景色，主题色与辅色可以使用对比色或是互补色。文字颜色与色块颜色相辅相成，均衡的配色具有完整统一的视觉效果，对比色和互补色相互平行，在无形中可以增强版面的节奏感与韵律感。

4.3.10　重心型版面

重心型构图即按照人们的浏览习惯，以某重要视觉元素为视觉重心进行排版设计，使其更为突出，并形成视线聚焦点，增强书籍版面的吸引力。同时在版面设计中，重心型构图可分为中心、向心与离心三种，且不同的形式有着不同的视觉感受，图 4-71 所示为使用了重心型构图的版面设计。

图 4-71 重心型版面设计

4.4 图文混排设计

文字在排版设计中，不仅仅局限于信息传达意义上的概念，更是一种高尚的艺术表现形式。现如今，文字的作用已提升到具有启迪性和宣传性、引领人们审美时尚的新视角。

文字是版面的核心，也是视觉传达最直接的方式，使用经过精心处理的文字材料，完全可以制作出如图 4-72 所示效果的版面。

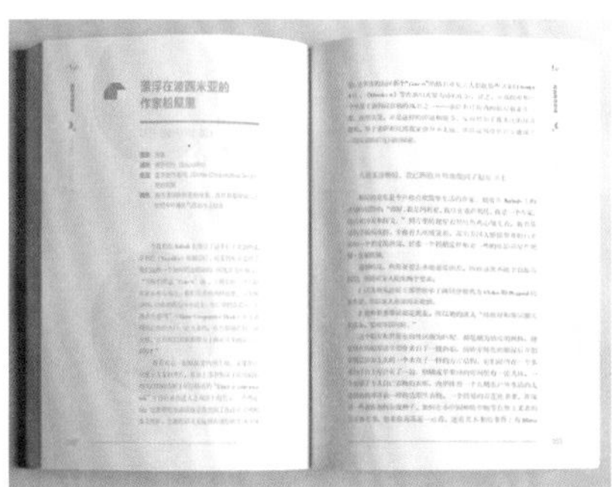

图 4-72 版心中的文字设计

版面中图像的视觉冲击力比文字更加强烈，所以图片在排版设计中占有很大的比重。在一个版心设计中，如果使用图片多于文字，并不是因为语言或文字的表现力减弱了，而是因为图片在视觉传达方面能够辅助文字，帮助读者理解文字内容，同时也使版面可以更加立体和真实，如图 4-73 所示。

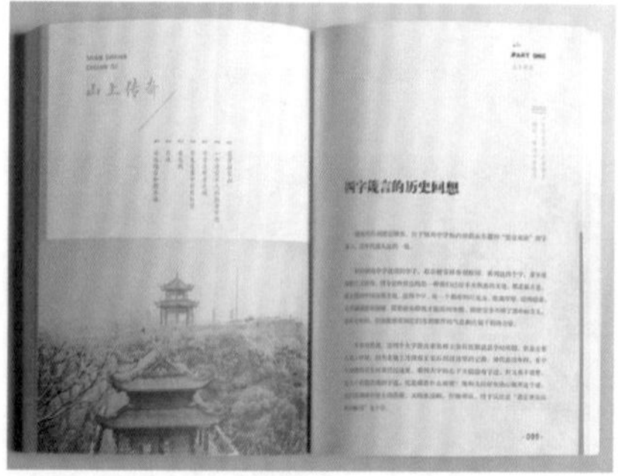

图 4-73　图文混排的设计

☆ 小技巧：图片的重要性

图片直接把设计师或者作者的意念高素质、高境界地表现出来，使强有力的诉求性画面充满整个版面，也使版面拥有了更强烈的创造性。图片在排版设计要素中，形成了独特的风格，是吸引读者视线的重要素材，有独特的视觉效果和导读效果。

分格法是图文混排设计中最常见的方法，它可以提高设计师的工作效率，让设计师更好地把握版面的整体效果，图 4-74 所示为分格法的原型示意。

分格法（1）

分格法（2）

图 4-74　分格法的原型示意

微视频

☆练一练——设计制作版面图文混批效果☆

源文件：第 4 章 \4-4.Indd　　　　视频：第 4 章 \4-4.mp4

• 设计分析

素材

在进行书籍版面设计时，使用图片是不可避免的，为了获得好的版式效果，常常会对图片进行图文混批的操作。图文混批可以使文字和图片更好地结合，便于读者阅读和理解。同时也可以减少页面的浪费，提高版面的利用率。

在 InDesign 中，用户可以通过“文本绕排”面板完成图文绕排操作，通过设置绕排方式和位移实现丰富的版面效果。

• 制作步骤

Step01 使用 InDesign CC 2020 软件打开“4-1-4.indd”文件，如图 4-75 所示。按下键盘上的 F11 键，打开“段落”面板。单击面板底部的“创建新样式”按钮，新建段落样式，如图 4-76 所示。

图 4-75　打开文件

图 4-76　新建样式

Step02 单击新建的“段落样式 1”样式，进入“段落样式选项”对话框，如图 4-77 所示。修改“样式名称”为正文，并修改“基本字符格式”参数如图 4-78 所示。

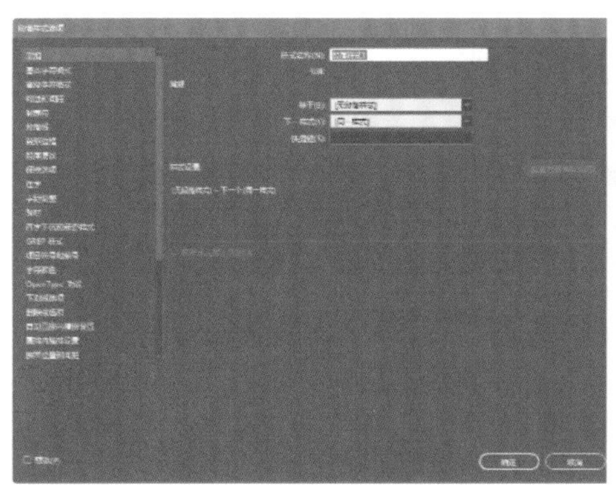

图 4-77　编辑段落样式

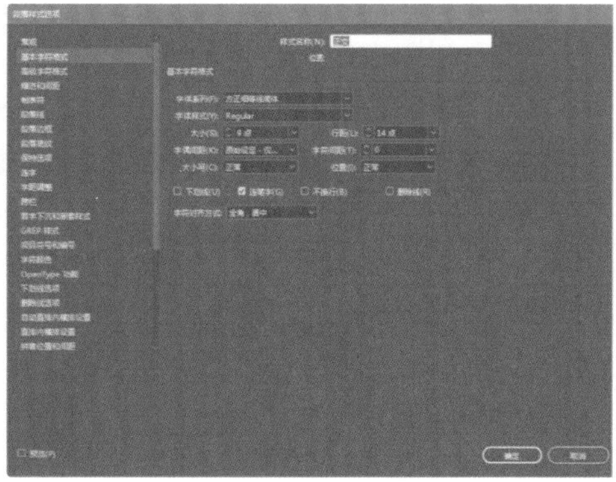

图 4-78　设置基本字符格式

Step03 修改“缩进和间距”参数如图 4-79 所示。新建名称为“章名”的段落样式，设置各项参数如图 4-80 所示。

Step04 继续新建名称为“大标题”和“小标题”的段落样式，如图 4-81 所示。单击“确定”按钮，完成段落样式的创建。

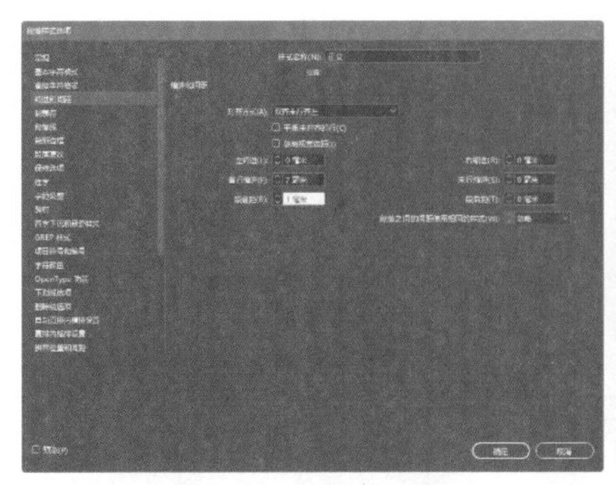

图 4-79　设置缩减和间距

图 4-80　新建段落样式

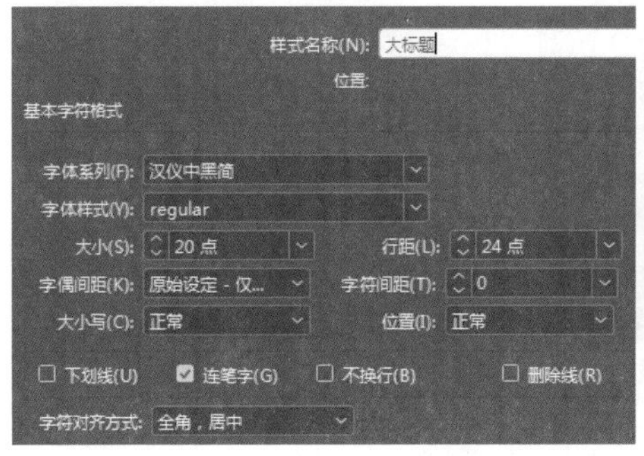

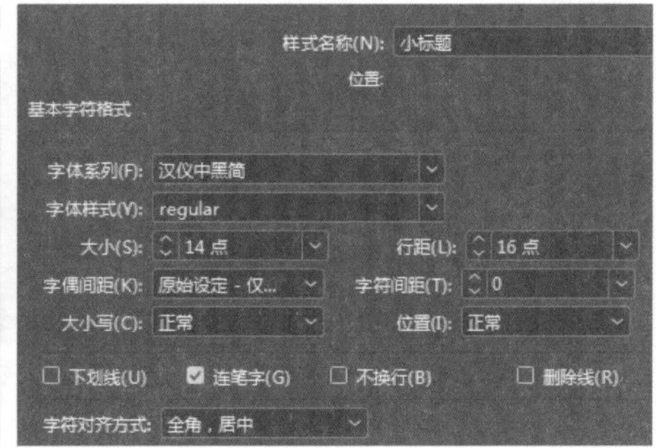

图 4-81　新建段落样式

Step05 执行“文件”→“置入”命令，打开“43001.docx”文件，如图 4-82 所示。按住键盘上的 Shift 键在页面中单击，将文档一次性导入文档中，效果如图 4-83 所示。

图 4-82　打开文件

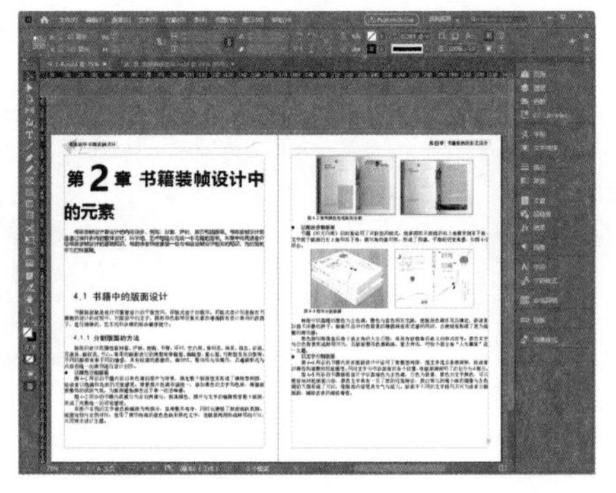

图 4-83　导入文档

Step06 使用“文字工具”拖曳选中章名，如图 4-84 所示。单击“段落样式”面板中的“章名”样式，页面效果如图 4-85 所示。

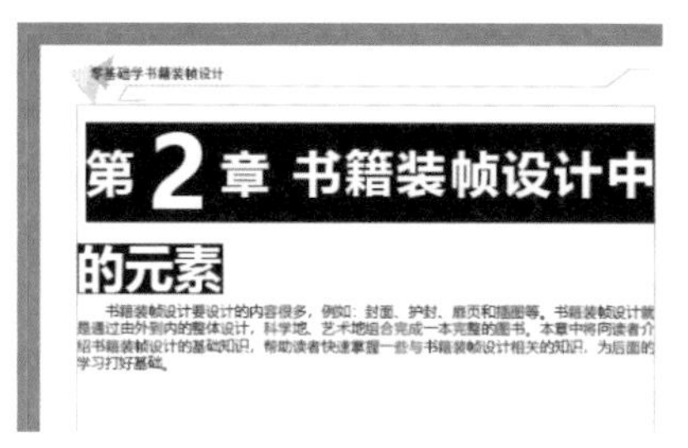

图 4-84　选中文本

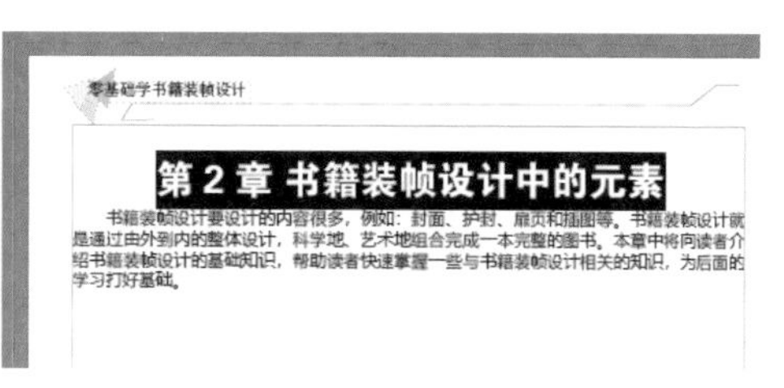

图 4-85　应用段落样式

Step07 将光标移动到第 1 段中，单击“段落样式”面板中的“正文”样式，页面效果如图 4-86 所示。使用相同的方法分别对文档中的文本应用段落样式，效果如图 4-87 所示。

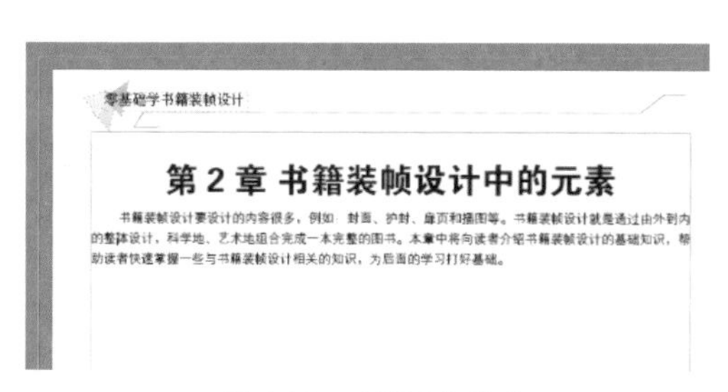

图 4-86　应用正文样式

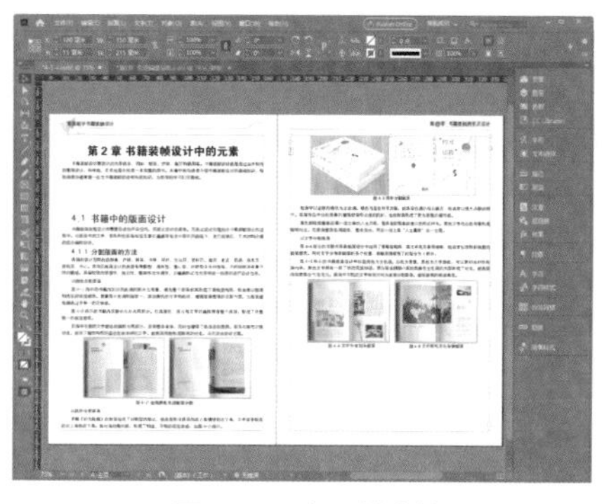

图 4-87　应用样式效果

Step08 执行“文件”→“置入”命令，将“4201.jpg”文件导入到页面中，单击拖曳，导入效果如图 4-88 所示。执行“窗口”→“文本绕排”命令，打开“文本绕排”面板，如图 4-89 所示。

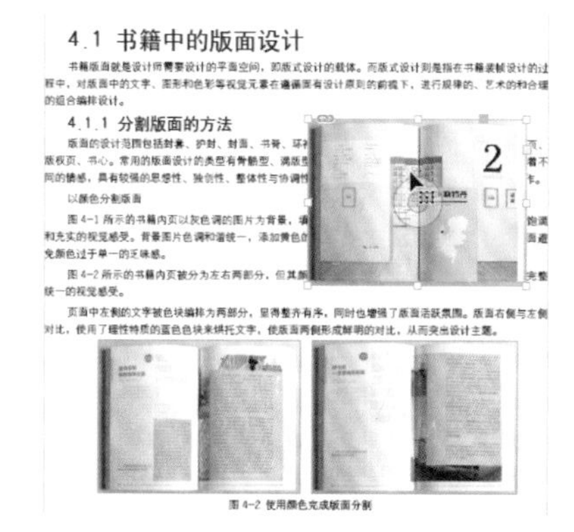

图 4-88　导入图片

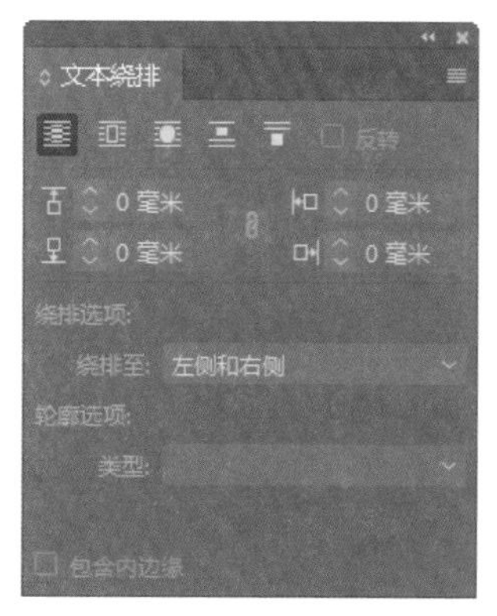

图 4-89　打开“文本绕排”面板

Step 09 确定图片被选中，单击“沿定界框绕排”按钮，如图 4-90 所示。设置左位移为 5 毫米，如图 4-91 所示。

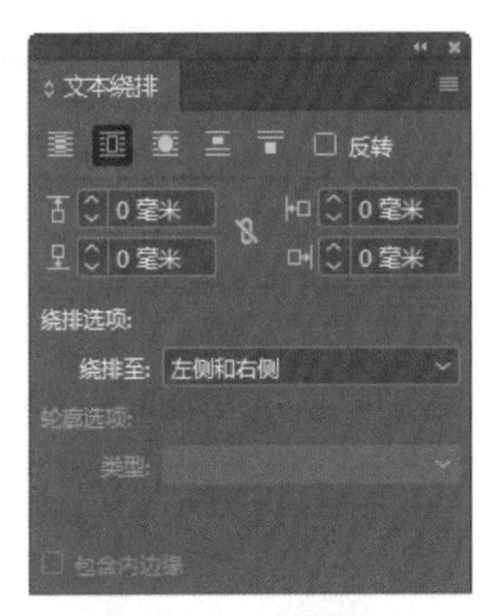

图 4-90　设置绕排模式

图 4-91　设置位移

Step 10 图片绕排效果如图 4-92 所示。使用“文字工具”在页面中输入图题，完成页面效果如图 4-93 所示。执行“文件”→“存储”命令，将文件保存。

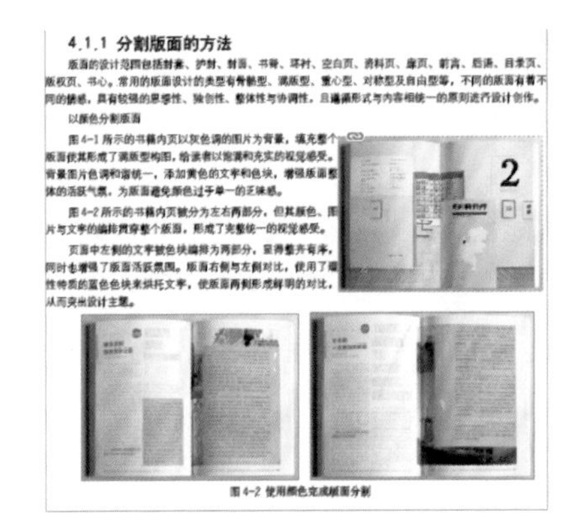

4.1.1 分割版面的方法

版面的设计范围包括封套、护封、封面、书脊、环衬、空白页、资料页、扉页、前言、后语、目录页、版权页、书心。常用的版面设计的类型有骨骼型、满版型、重心型、对称型及自由型等，不同的版面有着不同的情感，具有较强的思想性、独创性、整体性与协调性，且遵循形式与内容相统一的原则进行设计创作。

以颜色分割版面

图 4-1 所示的书籍内页以灰色调的图片为背景，填充整个版面使其形成了满版型构图，给读者以饱满和充实的视觉感受。背景图片色调和谐统一，添加黄色的文字和色块，增强版面整体的活跃气氛，为版面避免颜色过于单一的乏味感。

图 4-2 所示的书籍内页被分为左右两部分，但其颜色、图片与文字的编排贯穿整个版面，形成了完整统一的视觉感受。

页面中左侧的文字被色块编排为两部分，显得整齐有序，同时也增强了版面活跃氛围。版面右侧与左侧对比，使用了理性特质的蓝色色块来烘托文字，使版面两侧形成鲜明的对比，从而突出设计主题。

图 4-2 使用颜色完成版面分割

图 4-92　图片绕排效果

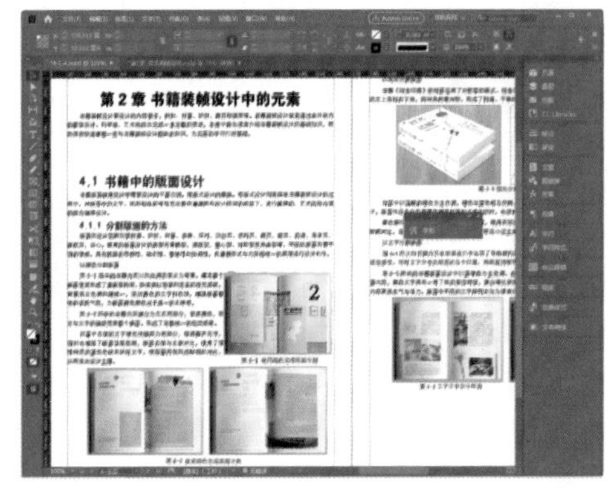

图 4-93　添加图题完成制作

4.5 插页设计

插页是指版面超过开本范围的、单独印刷并插装在书籍内的单页。插页有时也指版面不超过开本，纸张与开本尺寸相同，但使用不同于正文的纸张或颜色印刷的书页。

常见的插页形式有单页式、折页式和抽插式三种，图 4-94 所示为单页式插页。

图 4-94 单页式插页

插页的作用是补充文字内容，使页面阅读起来更加完整。插页如果放在正文前，则会印有作者的照片、作者手迹或名人题字等内容；如果插页在书籍每章节的前面，插页上可能印有章节名称及装饰图形等内容。插页一般不计入书籍页码中，图 4-95 所示为章节名称前面的插页。

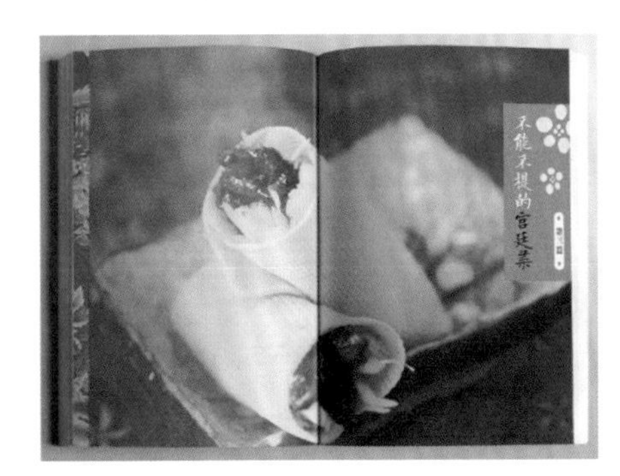

图 4-95 章节名称前的插页

4.6 举一反三——设计制作书籍目录版面

源文件：第 4 章 \4-6.indd　　视频：第 4 章 \4-6.mp4

微视频

素材

通过学习本章的相关内容，读者应该对书籍装帧版面设计的内容和方法有所了解。下面利用所学内容，设计制作书籍目录版面。

Step 01 新建 InDesign 文件，完成母版页面的制作，如图 4-96 所示。

Step 02 置入图片素材并创建剪贴蒙版，效果如图 4-97 所示。

Step 03 置入图片素材，绘制并编辑矩形，完成目录结构的制作，效果如图 4-98 所示。

Step04 使用“文字工具”输入书籍目录内容并应用段落样式，效果如图 4-99 所示。

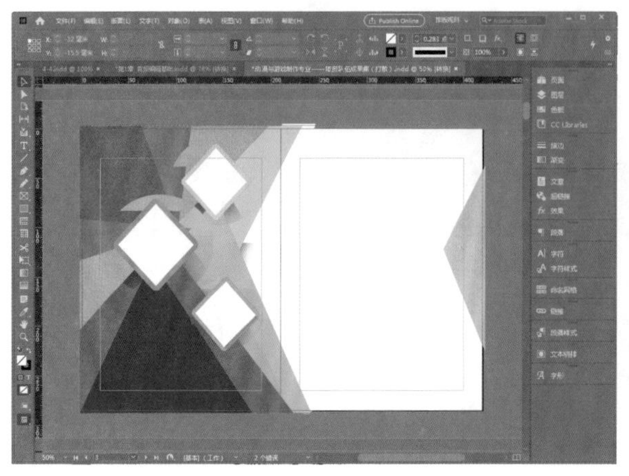

图 4-96　新建文本并制作母版

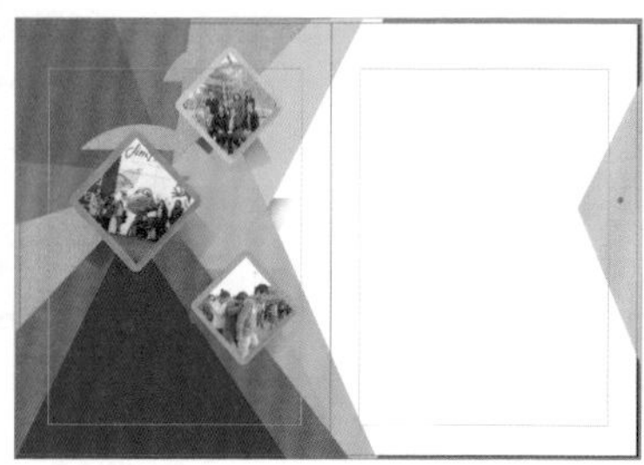

图 4-97　置入图片素材并创建剪贴蒙版

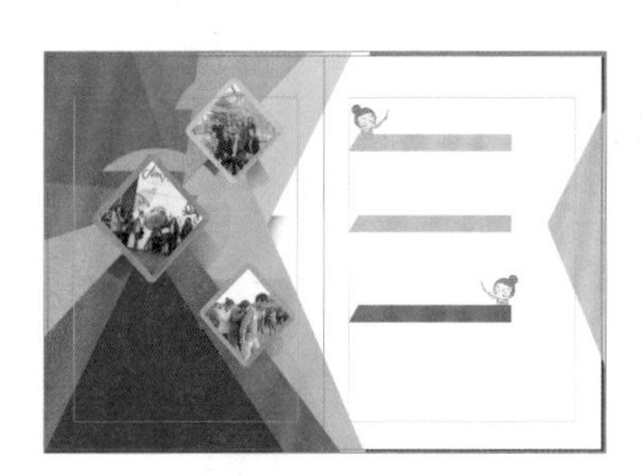

图 4-98　完成目录结构

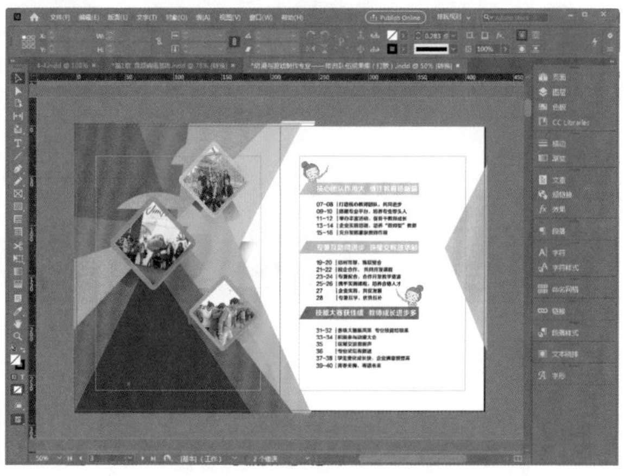

图 4-99　输入目录文字

4.7 本章小结

本章中重点向读者介绍书籍装帧的版面设计的方法和技巧，包括分割版面的方法、版面的内容设计、图文混排设计和插页设计等内容。通过设计制作完整的书籍版面作品，向读者讲解版面设计的不同表现方法。通过本章内容的学习，读者应掌握书籍装帧版面设计的基础知识及制作方法。

第5章 书籍装帧的其他设计

本章主要内容

在前面的章节中，读者学习了书籍装帧的设计元素、形式设计和大部分的版式设计，这些知识足够读者独立完成优秀的书籍装帧设计作品。但是为了让读者与其他设计师更有竞争力，本章向读者介绍一些可以优化书籍装帧设计的知识点，包括护封设计、目录页设计、书签设计和精装书籍的装订工艺等内容。

5.1 书籍版式的其他设计

书籍的版式设计除了封面设计和版面设计之外，还包括护封、环衬、扉页、版权页和目录等页面的设计，下面对这些页面进行简单介绍。

5.1.1 护封设计

护封是一本书籍的“脸面”，所以它也是书籍装帧设计的重要部分，它隶属于书籍，反映书籍的主体内容、内容性质和思想精神。

护封是指精装书硬质封面外层的包装纸，护封的高度与书相等，长度因其包括勒口部分，所以比封面更长，图 5-1 所示为《楼兰古城》的护封设计。

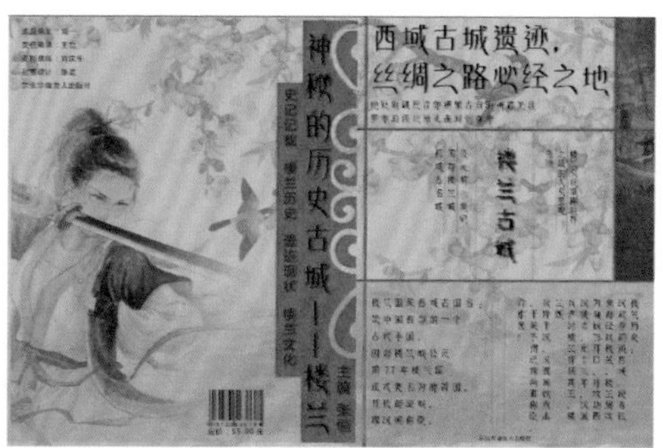

图 5-1 《楼兰古城》的护封设计

护封中的前后勒口勒住封面与底封，使书籍看起来更加整齐和棱角分明，护封不仅对书籍有保护作用，它还具有一定的广告宣传效果。

☆ 小技巧：护封的作用

①保护功能。运输、搬运及翻阅书籍的过程会对纸张造成破坏，同时书籍在长期照射灯光和日光时，纸张也容易褪色和卷曲变形，而护封能减轻这两种纸张受损的情况，起到保护书籍版心的作用。

②宣传销售功能。因为护封中的宣传广告能吸引读者的注意力，向读者展示书籍的主体内容和思想精神，最终刺激读者产生购买欲望。

在设计书籍护封时，设计师要遵循审美性、从属性、信息性和时代性 4 项基本原则，同时也要平衡文字、图形、色彩、构图和材料 5 个设计要素。并且护封设计的内容必须与书籍内容相吻合，图 5-2 所示为书籍护封设计。

图 5-2　书籍护封设计

5.1.2　环衬设计

环衬是指连接版心和书皮的衬纸，位于封二和扉页中间的环衬被称为前环衬，位于版心和封三中间的环衬被称为后环衬。

环衬主要有两大作用：第一是保护版心不让其轻易磨损或破旧；第二是让其与书封牢固连接。环衬的表现风格多为抽象的纹理效果、插图和图案等。也有使用大幅照片的。

环衬的表现风格要与书籍装帧的整体效果保持一致，但是在配色设计上与封面要有所变化，如图 5-3 所示。

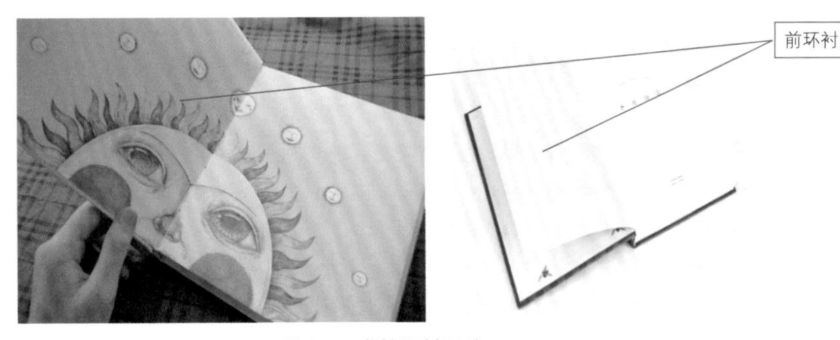

图 5-3　书籍环衬设计

☆ 提示

对于环衬设计来说，图形对比的表现风格相对弱一些，设计师可以使用相同的纹理图形装饰环衬的 4 个角，这会使读者在视觉上产生由封面到版心的过渡。

5.1.3　扉页设计

扉页是指书籍前环衬页面后印有书名、出版社名称和作者名的单张页，它是书籍和画册中的基础页面之一。有些书籍将前环衬页面和扉页印在一起装订，被称为扉衬页，扉衬页也叫筒子页。

扉页位于封二或环衬页之后，它的承载内容和封面相似，但内容更加简单明了。扉页对于读者有两大作用：其一是补充书名、著作者和出版公司的名称等内容；其二是装饰书籍版心，为其添加美感，如图 5-4 所示。

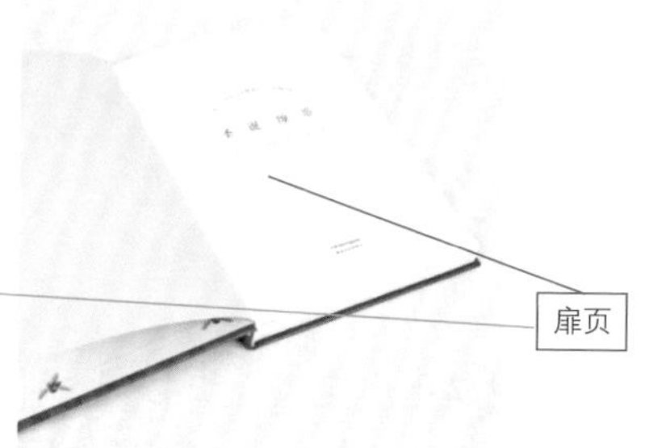

图 5-4　书籍扉页设计

☆ 小技巧：本册扉页

本册是指簿、本、册的合称，具体包括笔记本、记事本、万用手册和宣传册等。

本册扉页有两张，一般情况下采用空白纸张制作。本册扉页在制作时有 4 张，因为在制作过程中有两张将渗入封面和封底，所以使用者一般只能看到两张，分别是在版心内容开始的第一张和版心内容结束的最后一张。

因为精装笔记本的第一张扉页会和封面一起插入封套，最后一张扉页则和封底一起插入封套，所以使用者只能看到两张。又因为普通笔记本的第一张扉页将使用胶水裱在封套或封二上，最后一张扉页也会裱在封三上，所以使用者还是只能看到两张。

随着大众审美观的不断提高，书籍扉页的质量和观赏性也逐步提升。高质量的扉页设计包括采用质量过硬的色纸或硫酸纸、纸张印有肌理和为纸张添加清幽的气味。甚至有一些扉页还添加了装饰性的图案或者有代表性的插图设计。高质量的扉页设计对于珍爱书籍的收藏者来说是乐见其成的，这也提高了书籍的附加价值，从而吸引更多的消费者，图 5-5 所示为精美的扉页设计。

☆ 小技巧：封一、封二、封三和封四在书籍中的位置

封一是指书籍或杂志的封面；封二是指书籍或杂志的封面内页；封三是指书籍或杂志的封底；封四则是封底的内页。承载封面的纸张有正反两面，正面即封一，反面即封二。以此类推封底与封三和封四的关系。

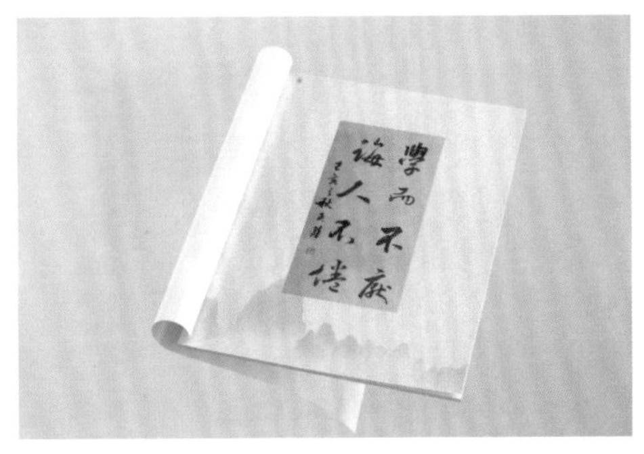

图 5-5　精美的扉页设计

5.1.4　版权页设计

版权页也称版本记录页，它是每本书籍诞生的历史性记录。在版权页中记录着书名、著 / 译者、出版、制版、印刷、发行单位、开本、印张、版次、出版日期、插图幅数、字数、累计印数、书号和定价等内容，如图 5-6 所示。

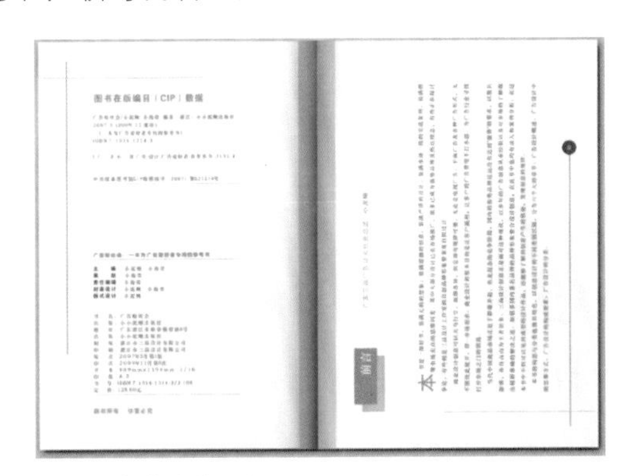

图 5-6　书籍中的版权页

5.1.5　目录设计

目录页是按照顺序记录书籍章节和正文页码的排列设计页面，它的作用是引导阅读、搜索和查看书籍内容。目录包括目和录两部分，“目”是指书籍正文中的篇标题或章标题，“录”是对“目”的解释和编写，图 5-7 所示为一本画册的两款不同目录页设计。

设计书籍目录页时要求条理清晰。简单来说就是读者查看完一本书籍的目录后，能够快速了解全书的内容结构和知识条理层次。一般情况下，目录页出现在扉页或前言的后面。同时目录页作为书籍版面的基础页面，它的设计也要为整体的书籍装帧设计而服务，图 5-8 所示为精美的目录页设计。

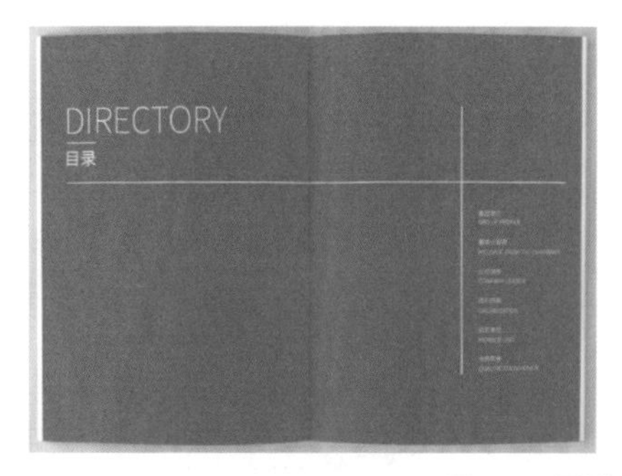

图 5-7　画册的目录页设计

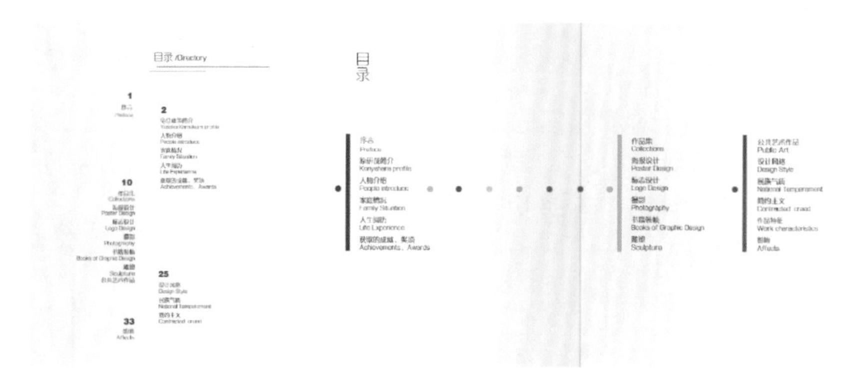

图 5-8　精美的目录页设计

☆练一练——设计制作科技公司的宣传书目录☆

微视频

源文件：第 5 章\5-1-5.psd　　　　视频：第 5 章\5-1-5.mp4

• 设计分析

素材

本案例设计制作一个科技公司的宣传书目录页，因为公司的产业方向是与科技相关，所以选择代表了冷静、科技和未来的蓝色作为页面的主题色。再搭配中性色白色和灰色，整个页面看起来十分内敛和现代。

页面结构使用了黄金分割线进行分割，整个页面中蓝色的背景和文字部分比例为 1:0.618，这样的页面结构看起来更加舒服，同时读者的视线也更容易聚焦在目录文字上，制作完成的目录页面如图 5-9 所示。

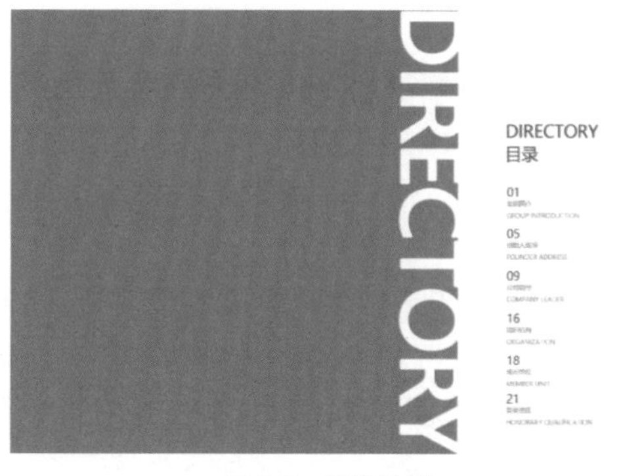

图 5-9　图像效果

• 制作步骤

Step 01 打开 Photoshop CC 2020 软件，单击“新建”按钮，设置新建文档的各项参数，如图 5-10 所示。

Step 02 使用组合键 Ctrl+R 调出标尺，使用“移动工具”在画布中沿垂直方向，分别在 3px、210px 和 423px 处创建参考线，继续沿水平方向，分别在 3px 和 288 处创建参考线，如图 5-11 所示。

图 5-10 新建文档

图 5-11 创建参考线

Step 03 使用“移动工具”在画布中沿垂直方向创建参考线如图 5-12 所示。打开“图层”面板，单击面板底部的“创建新图层”按钮，设置前景色为 RGB（48，106，176），单击工具箱中的“油漆桶工具”按钮，在画布中单击为新建图层填充蓝色，如图 5-13 所示。

图 5-12 分割画布

图 5-13 填充颜色

☆ 提示

因为目录页面使用了黄金分割线划分页面结构，所以根据目录页面的宽度为 420mm，再乘以 0.618 得到 259.56mm 的位置，读者可以在画布中垂直方向的 259.6mm 处添加参考线。

Step 04 打开“字符”面板，设置各项参数如图 5-14 所示。单击工具箱中的“直排文字工具”按钮，在画布中单击输入文字内容，如图 5-15 所示。

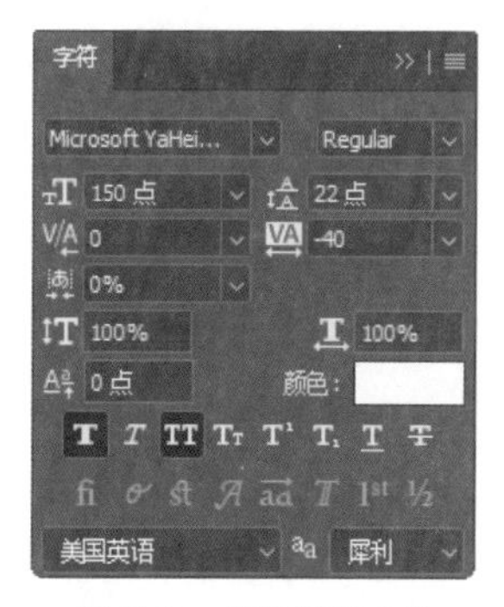

图 5-14　设置字符参数

图 5-15　输入文字

Step 05 新建一个图层，单击工具箱中的“矩形选框工具”按钮，在画布中单击拖曳创建矩形选区，如图 5-16 所示。设置前景色为白色，使用“油漆桶工具”在画布中的选区处单击，填充白色如图 5-17 所示。

图 5-16　创建选区

图 5-17　填充颜色

Step 06 打开“字符”面板，设置各项参数如图 5-18 所示。单击工具箱中的“横排文字工具”按钮，在画布中单击输入文字内容，如图 5-19 所示。

Step 07 单击工具箱中的“横排文字工具”按钮，在画布中单击拖曳创建文本框，如图 5-20 所示。在打开的“字符”面板中设置参数，使用“横排文字工具”在文本框中输入文字内容，如图 5-21 所示。

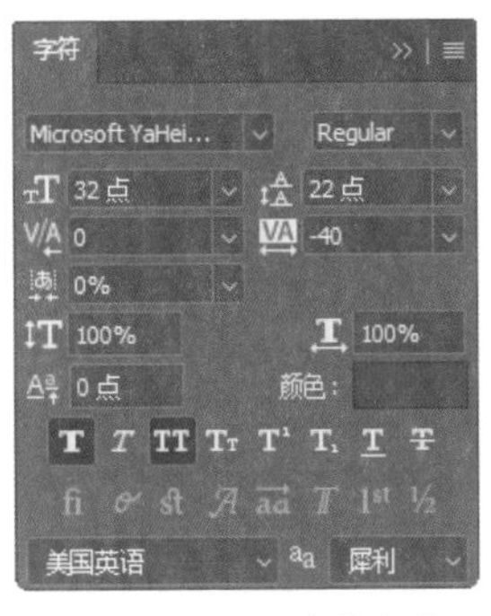

图 5-18 设置字符参数

图 5-19 输入文字

图 5-20 创建文本框

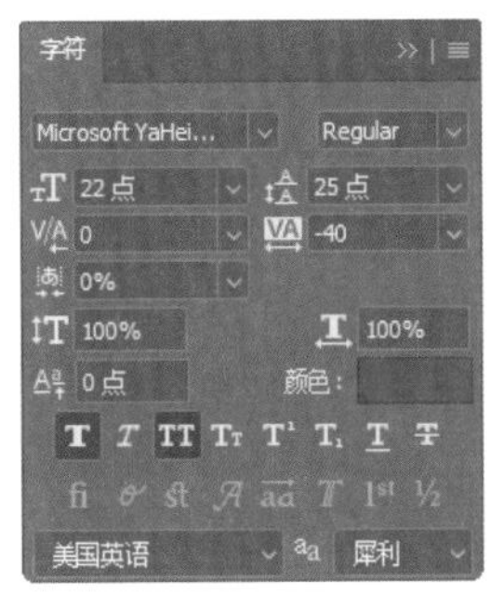

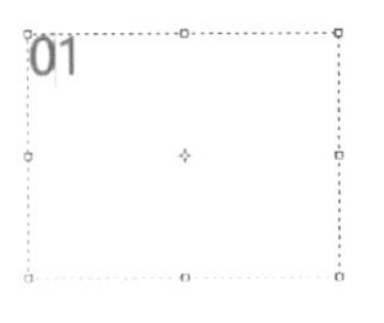

图 5-21 设置字符参数并输入文字

Step08 打开“字符”面板，设置各项参数如图 5-22 所示。使用“横排文字工具”在画布中单击输入文字内容，如图 5-23 所示。

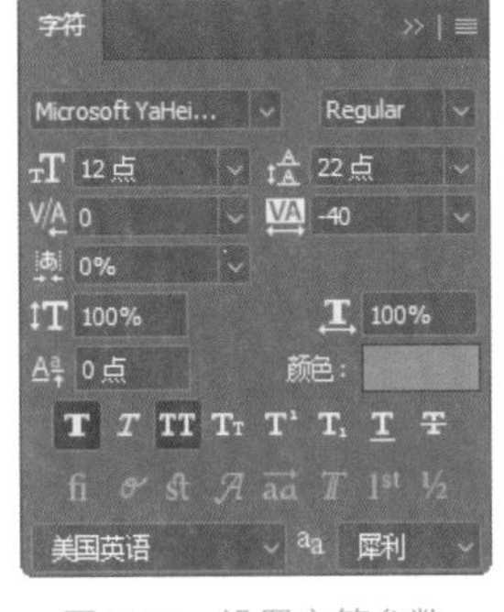

图 5-22 设置字符参数

图 5-23 输入文字

Step09 使用步骤 7 和步骤 8 的制作方法，完成目录其他文字内容的制作，如图 5-24 所示。打开“图层”面板，选中相关图层，单击面板底部的“创建新组”按钮，编组图层并重命名为“文字”，如图 5-25 所示。

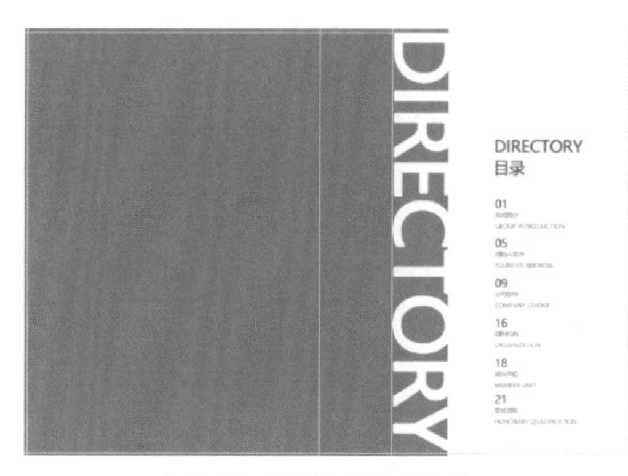

图 5-24 完成相似文字操作

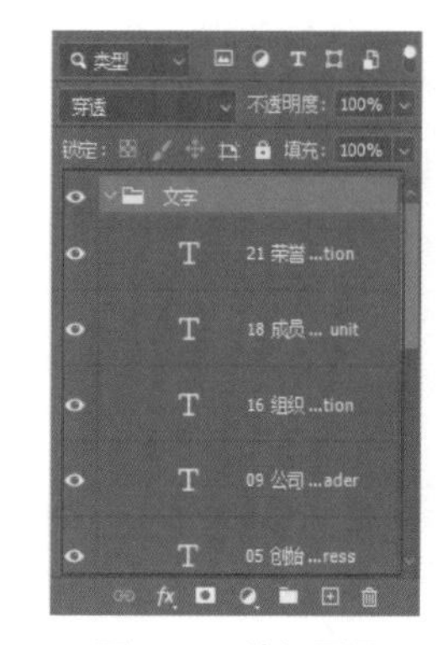

图 5-25 编组图层

5.2 书签设计

书签最开始的用途是题写书名，后来书签还产生了记录书籍的册次、题写人姓名和标记阅读位置等用途，图 5-26 所示为精美的实物书签。

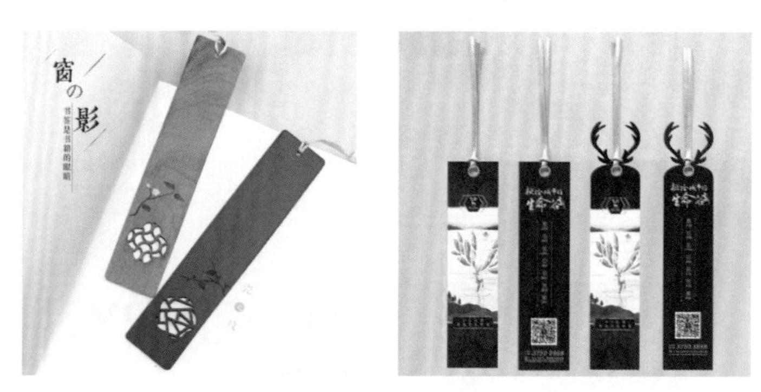

图 5-26 精美的实物书签

古代的书签被贴在古籍封面的左上角，现代的书签被制作成薄而小的片状物夹在书籍中的某个位置，用以记录读者的阅读进度。随着网络科技的高速发展，电子书应运而生，随之又衍生出电子书签，但是不管是实物书签还是电子书签，它的最终用途都是记录阅读进度阅读和心得。

在设计书签时，设计师只需要遵循两个原则：一是简洁大方，二是贴合主题。因为实物书签的可用面积比较小，所以设计师在进行设计时，一定要使用小巧玲珑的图形和简短精悍的语言。如果书签是书籍销售的附加产物，那么书签上的图形和文字必须贴合书籍主题，这样的书签才有更多的附加价值，图 5-27 所示为与书籍配套生产的实物书签。

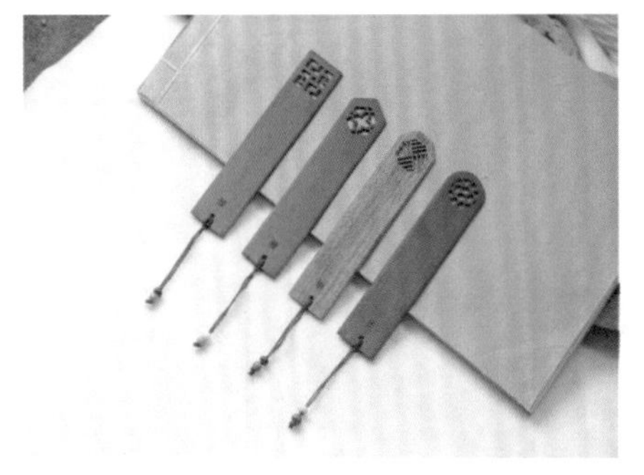
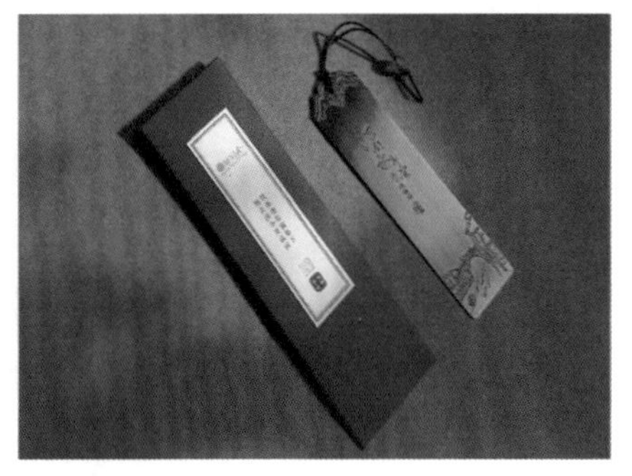

图 5-27 与书籍配套的书籍

☆练一练——设计制作《古代藏镜》的配套书签☆

微视频

源文件：第 5 章 \5-2.psd　　　　视频：第 5 章 \5-2.mp4

• 设计分析

本案例设计制作书籍《古代藏镜》的配套书签，因为书签是精品书籍的附加产品，所以书签将沿用书籍《古代藏镜》封面的设计风格和文字内容，使书籍封面和配套书签的外观效果统一协调。

素材

本款书签的最大作用是为精装书《古代藏镜》增加销售的附加价值。为了书签的美观性，为书签添加一些古典纹饰，书签的图像效果如图 5-28 所示。

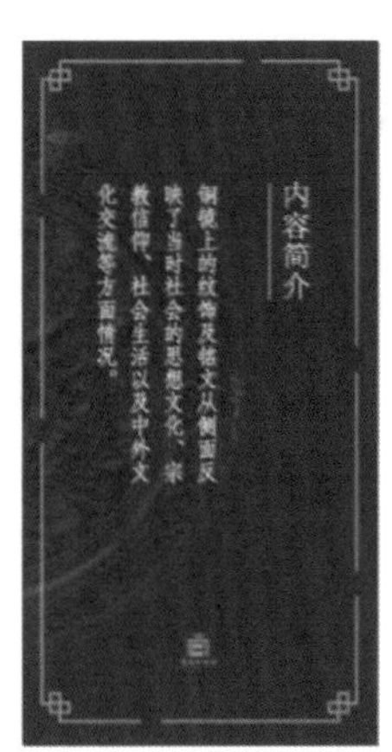

图 5-28 图像效果

• 制作步骤

Step 01 打开 Photoshop CC 2020，单击“新建”按钮，设置新建文档的各项参数，如图 5-29 所示。使用组合键 Ctrl+R 调出标尺，使用“移动工具”在画布中从标尺处向下或向右拖曳连续创建参考线，如图 5-30 所示。

图 5-29　新建文档

图 5-30　创建参考线

Step 02 打开“图层”面板，单击面部底部的“创建新图层”按钮，新建图层。设置前景色为 RGB（33，33，45），使用“油漆桶工具”在画布中单击填充前景色，如图 5-31 所示。单击面板底部的“创建新组”按钮，将图层组重命名为“正面”，“图层”面板如图 5-32 所示。

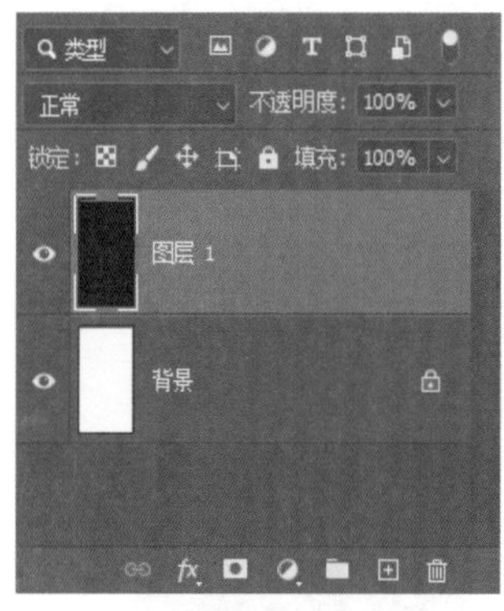

图 5-31　创建并填充图层

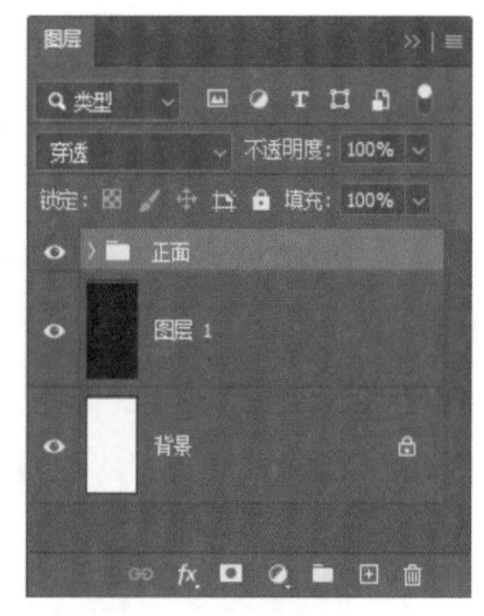

图 5-32　创建新组

Step 03 执行“文件”→“打开”命令，打开名为“31301.png”的素材图像，使用“移动工具”将其拖曳到设计文档中，调整大小如图 5-33 所示。

Step 04 打开“图层”面板，单击面板底部的“创建新的填充或者调整图层”按钮，在弹出的快捷菜单中选择“色相 / 饱和度”选项，设置各项参数如图 5-34 所示。

Step 05 设置完成后，在打开的“图层”面板中选中相关图层，右击并在弹出的下拉菜单中选择“创建剪贴蒙版”选项，图像效果如图 5-35 所示。打开“字符”面板，设置各项字符参数，如图 5-36 所示。

图 5-33 添加素材图像

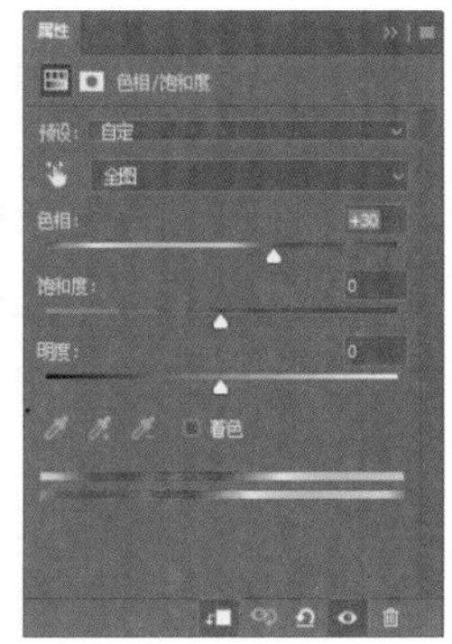

图 5-34 设置参数

图 5-35 创建剪贴蒙版

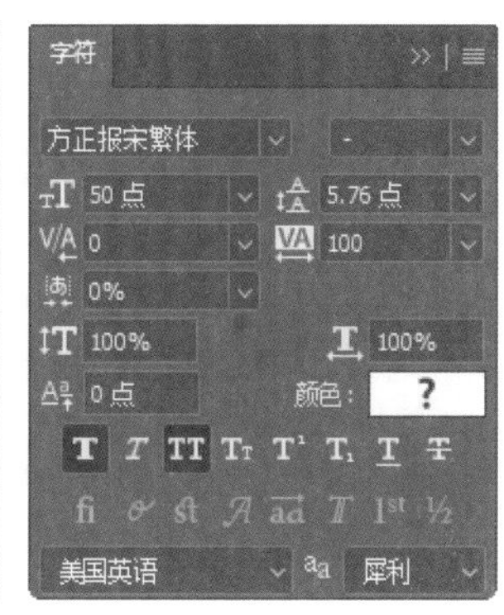

图 5-36 设置字符参数

Step 06 单击工具箱中的“直排文字工具”按钮，在画布中单击输入文字内容，如图 5-37 所示。打开“字符”面板，设置各项字符参数，如图 5-38 所示。

Step 07 单击工具箱中的“直排文字工具”按钮，在画布中单击输入文字内容，如图 5-39 所示。执行“文件”→“打开”命令，打开名为“52001.png”的素材图像，使用“移动工具”将其拖曳到设计文档中，如图 5-40 所示。

图 5-37 输入文字

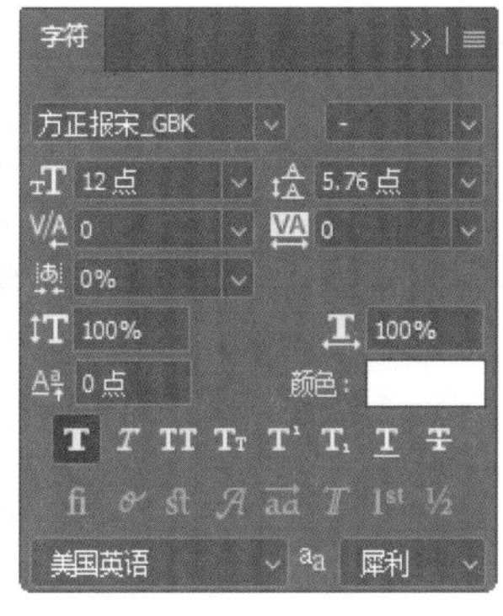

图 5-38 设置字符参数

图 5-39 输入文字

图 5-40 添加素材图像

Step 08 双击图层缩览图，在打开的“图层样式”对话框中选择“颜色叠加”选项，设置参数如图 5-41 所示。设置完成后，图像效果如图 5-42 所示。

Step 09 执行“文件”→“打开”命令，打开名为“52002.tif”的素材图像，使用“移动工具”将其拖曳到设计文档中，如图 5-43 所示。单击面板底部的“创建新组”按钮，将图层组重命名为“反面”，“图层”面板如图 5-44 所示。

Step 10 打开“图层”面板，单击“正面”图层组的“眼睛”图标将其隐藏，选中 3 个图层将其拖曳到“创建新组”按钮上，移动复制得到的图层至“反面”图层组，如图 5-45 所示。选中“图层 2 拷贝”图层，使用“移动工具”在画布中移动图像位置，如图 5-46 所示。

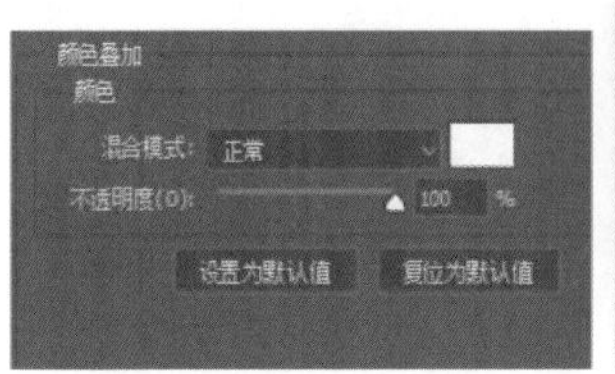

图 5-41　图层样式参数

图 5-42　图像效果

图 5-43　添加素材图像

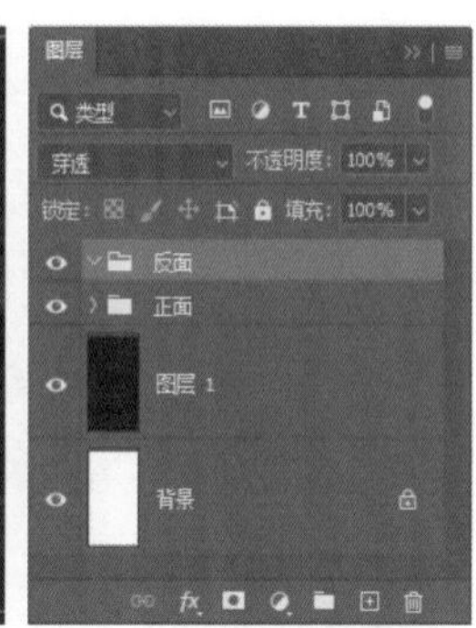

图 5-44　创建新组

Step 11 打开“字符”面板，设置各项字符参数如图 5-47 所示。单击工具箱中的“直排文字工具”按钮，在画布中单击输入文字内容，如图 5-48 所示。

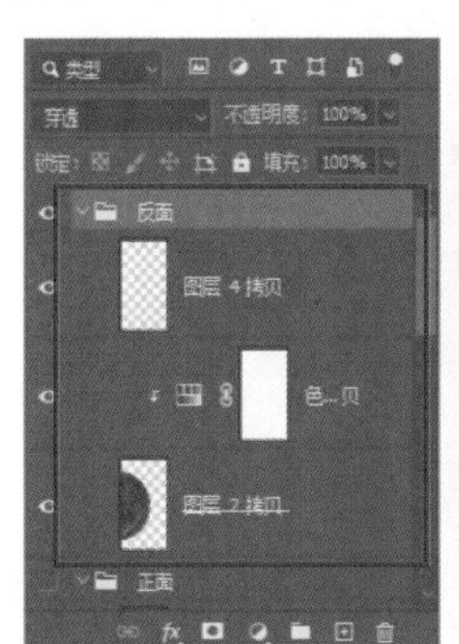

图 5-45　复制图层

图 5-46　移动图层位置

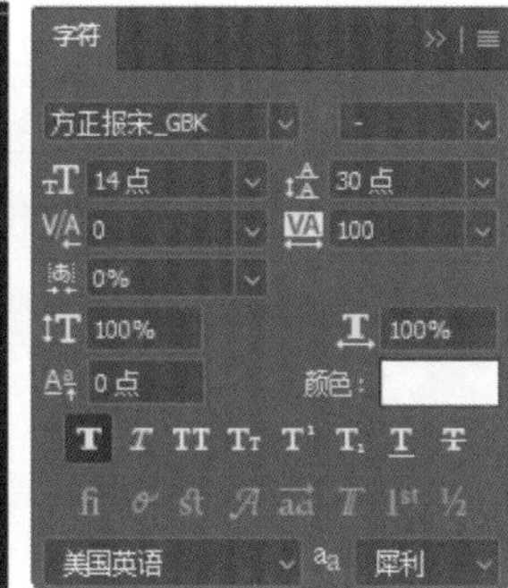

图 5-47　设置字符参数

图 5-48　输入文字

Step 12 单击工具箱中的“直线工具”按钮，在画布中单击拖曳创建白色的直线，如图 5-49 所示。使用“直排文字工具”在画布中单击拖曳创建文本框，并在文本框中输入文字段落，如图 5-50 所示。

Step 13 使用相同方法完成相似图像添加的操作，书签的反面效果如图 5-51 所示。完成书签的制作后，“图层”面板如图 5-52 所示。

图 5-49　创建直线

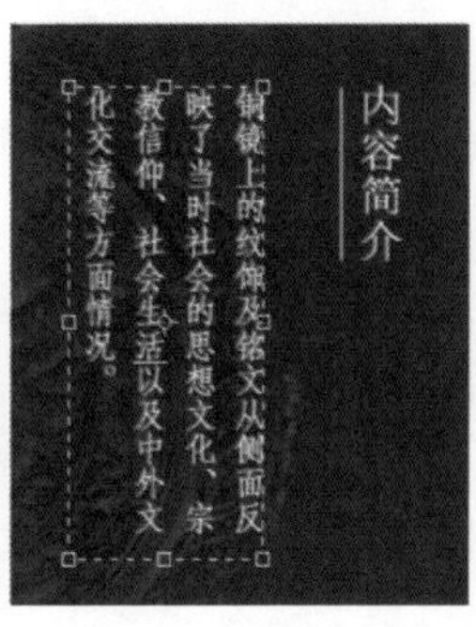

图 5-50　创建段落文字

图 5-51　完成相似内容的制作

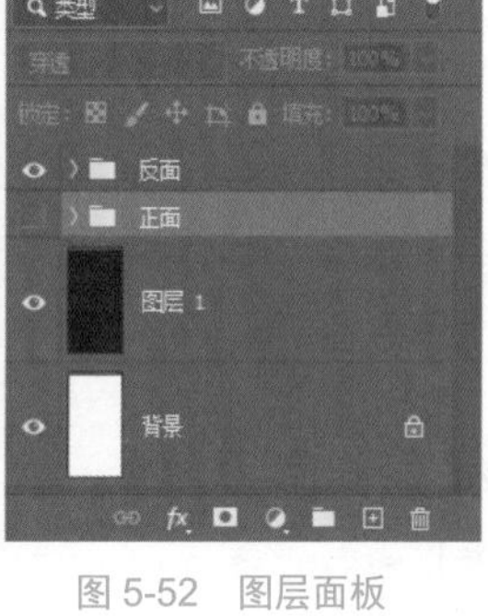

图 5-52　图层面板

5.3 书籍装订工艺

将印好的书页、书帖或是将零散的单据和票据等纸张整理并订成册的过程，称为装订。书籍的装订，包括装和订两大工序。“装”是对书籍封面的加工，也被称为装帧。“订”就是将书页订成册，对多页版心的加工。

5.3.1 平装书的装订工艺

图 5-53 所示为平装书的图像效果，平装书籍的特征是封面采用软纸质。由于从裁切到订书都是对书籍版心的加工，所以平装书籍采用手工和半自动装订，接下来为读者介绍手工盒半自动装订的工艺流程。

图 5-53　图像效果

• 裁切

印刷工人将印刷好的大幅面书页对齐，使用单面切纸机将大幅面书页裁切成符合要求的开本尺寸。

☆ 提示

裁切会在切纸机上进行，切纸机按其裁刀的长短，分为全张和对开两种；按切纸机的自动化程度分为全自动切纸机和半自动切纸机两种。进行裁切操作时要注意安全，裁切的纸张切口必须光滑、整齐、不歪不斜，同时纸张尺寸必须符合要求。

• 折手

将印刷好的大幅面书页按照页码顺序和开本的大小，折叠成书帖的过程叫作折手。（本书 3.1.1 章节中有折手的详细介绍，此处不再赘述）

• 配书帖

把书籍的多页版心或插页按页码顺序套入或粘贴在书帖中。

• 配版心

把整本书的书帖按顺序配集成册的过程叫配版心，也叫排书。配版心有两种方法：分别为套帖法和配帖法，如表 5-1 所示。

表 5-1　两种配版心的方法

方　　法	介　　绍
套帖法	将一个书帖按页码顺序套在另一个书帖里面或外面，使版心只有一个帖脊。此种配版心的方法，书帖数量较少的期刊或者杂志可以使用
配帖法	将各个书帖按页码顺序，一帖一帖地叠落在一起，成为一本书刊的版心，供订本后包装封面。此种配版心的方法常用于平装书或精装书

☆ 小技巧：配书帖

配书帖可用手工也可用机器进行。手工配书帖劳动强度大、效率低，还只能小批量生产，因此，现代书籍装订主要利用配帖机完成配书帖的操作。

为了防止配书帖出差错，印刷时会在每一印张的帖脊处印上一个被称为折标的小方块。配书帖以后的版心，将在书脊处形成阶梯状的标记。检查时如果发现顺序错误，即可纠正配书帖的顺序。将配好的书帖对齐和分贴捆绑，帖脊上将会刷一层稀薄的胶水或糨糊。这是为了书帖干燥后一本本地将其批开，以防书帖散落。

• 订书

把版心的各个书帖，运用专业方法牢固地连结起来，这一工艺过程叫作订书。常用的订书方式包含骑马订、铁丝平订、锁线订和胶粘订 4 种，如表 5-2 所示。

表 5-2　4 种订书方式

订书方式	介　　绍
骑马订	使用骑马订书机将配套好的版心连同封面一起，在书脊上用两个铁丝扣订牢成为书籍。采用骑马订的书不宜太厚，而且书帖必须套合成一个整帖才能装订
铁丝平订	使用铁丝订书机将铁丝穿过版心的订口使书籍装订成册，叫作铁丝平订。铁丝平订生产效率高，但铁丝受潮容易产生黄色锈斑，这会影响书籍的美观度，还会造成书页的破损和脱落
锁线订	使用锁线机将配好的书帖按照顺序一帖一帖地连接起来，叫作锁线订。锁线订可以订任何厚度的书，它的优势是锁线订牢固和方便翻阅，局限性就是订书的速度较慢
胶粘订	使用胶粘剂将书帖或书页黏合在一起制成版心，叫作胶粘订。将版心配好页码，在书脊上锯槽或铣毛打成单张，撞齐后使用胶粘剂将书帖粘贴牢固。胶粘订可用于平装书，也可以用于精装书

• 包装封面

通过折页、配书帖和订合等工序加工成的版心，再为其包装封面，便成为平装书的毛本，包装封面也叫包本或裹皮。手工包装封面的过程是：折封面、书脊刷胶、粘贴封面、包裹封面和抚平封面等。

除了少数特殊开本书外，现在很少采用手工包装封面。机械包装封面使用的是包封机，分为长式包封机和圆式包封机两种。

☆ 提示

平装书籍的封面应包得牢固和平整，书脊上的文字应该左右居中，同时文字不能斜歪。封面必须保持清洁、无破损和折角等。

• 切书

使用切书机把已经加压烘干和书脊平整的毛本书，按照开本规定的尺寸沿天头、地脚和切口裁切整齐，使毛本变成光本，光本即可阅读的书籍。

切书使用的是三面切书机，它是裁切各种书籍和杂志的专用机械。三面切书机上有三把钢刀，钢刀之间的位置会按照书籍开本的大小进行调节。为了防止不符合要求的低质量书籍出厂，切好后的书籍应该逐一检查。

5.3.2 精装书的装订工艺

图 5-54 所示为精装书的图像效果，精装书和平装书最大的不同在于封面，精装书的封面和封底会采用丝织品、漆布、人造革、皮革或硬卡纸等材料，粘贴在硬纸板表面做成书壳。精装书的装订工艺流程为：先制作版心，再制作书皮，最后为版心包装书皮。

图 5-54 图像效果

☆ 提示

按照加工方式的不同，精装书的封面分为有书脊槽和无书脊槽两种。同理，精装书的书脊根据不同加工方式可分为硬背、腔背和柔背等，但是不管是哪种方式加工出来的精装书，都具有造型美观和坚固耐用的特点。

• 制作版心

版心制作的前面部分和平装书的装订工艺相同，包括裁切、折页、配页、锁线与切书等流程。在完成上述工作之后，就要进行精装书版心才有的加工过程。

如果精装书的版心为圆背有脊形式的，可在平装书版心的基础上，通过压平、刷胶、干燥、裁切、扒圆、起脊、刷胶、粘纱布、再刷胶、粘堵头布、粘书脊纸和干燥等流程完成精装书版心的加工，如表 5-3 所示。

表 5-3　精装书版心的加工流程

加工流程	介　　绍
压平	使用专用的压书机压平版心，使版心结实和平坦，压平版心可以提高书籍的装订量
刷胶	使用手动或者机器对版心刷胶，使版心达到基本定型。为版心刷胶可以防止裁切版心时，书帖不发生相互移动
裁切	为刷胶基本干燥后的版心进行裁切，使“毛本”版心变为“光本”版心
扒圆	扒圆是指使用手动或机械把书脊处理成圆弧形的工艺过程。经过扒圆这一流程，整本书的书帖可以互相错开，便于翻阅的同时提高了书籍版心的牢固程度
起脊	起脊是指使用手动或机器把版心夹紧加实，在版心正反两面接近书脊与环衬连线的边缘处压出一条凹痕，使书脊略向外鼓起的工序。起脊能够防止扒圆后的版心回圆变形
加工书脊	加工书脊包括刷胶、粘书签带、贴纱布、贴堵头布和贴书脊纸等流程
	贴纱布能够增加版心的连接强度和版心与书壳的连接强度
	堵头布贴在版心背脊的天头和地脚两端，使书帖之间紧紧相连，不仅增加了书籍装订的牢固性，而且使书籍变得更加美观
	书脊纸必须贴在背脊的中间，在制作过程中不能起皱，也不能起泡

如果精装书的版心为方背无脊形式的，则不需要扒圆这一流程。如果精装书的版心为圆背无脊形式的，则不需要起脊这一流程。

• 制作书皮

书皮是精装书的封面。制作书皮的材料必须有一定的强度和耐磨性，且具有装饰作用。根据制作方法的不同，书皮分为整料书皮和配料书皮两种，如表 5-4 所示。

表 5-4　制作书皮的不同方式

制作方式	介　　绍
整料书皮	使用整块材料将封面、封底和书脊制作成为连在一起的书皮
配料书皮	使用同一面料制作书籍的封面和封底，而书脊使用另一块面料制作

制作书皮时，首先根据规定的尺寸裁切封面材料并刷胶；然后再将前封和后封的纸板压实、定位；包好边缘和 4 个边角再进行压平，这就完成了书皮的制作。由于手工操作效率低，现在的书皮大部分使用机器完成。

☆ 提示

书皮制作完成后，在前后封以及书脊上压印书名和图案等。为了适应书脊的圆弧形状，书皮装饰完成后，还需进行扒圆操作。

• 上书皮

上书皮是指把书皮和版心连在一起的工艺过程，也叫套皮。上书皮的方法是：首先为版心的前衬页涂胶水，并按一定位置放在书皮上，使版心与书皮的第一面粘贴牢固，使用同类方法把版心的另一面衬页也平整地粘贴在书皮上，最终促使整个版心与书皮完整、牢固地粘贴在一起。最后使用压线起脊机在书的前后边缘各压出一道凹槽，再对书籍进行加压和烘干操作，使书籍更加平整。如果此书籍有护封，则包上护封即可出厂。

☆ 小技巧：精装联动机

由于精装书装订工序多，并且工艺复杂，如果使用手工操作，操作人员多且效率低，所以并不建议使用。现如今，精装书一般采用精装联动机来完成书籍的装订工艺。精装联动机可以自动完成版心供应、版心压平、刷胶烘干、版心压紧、三面裁切、版心扒圆、起脊、刷胶、粘纱布、粘卡纸和堵头布、上书皮、压槽成型和书本输出等精装书的装订工艺。

☆ 提示

豪华装也叫艺术装。豪华装的书籍类似精装，但用料比精装更高级，外形更华丽，艺术感更强。一般用于高级画册、保存价值较高的书籍。豪华装主要用手工操作完成。

☆练一练——设计制作《一盏清明》的精美书卡☆

微视频

源文件：第 5 章 \5-3-2.psd　　　　视频：第 5 章 \5-3-2.mp4

• 设计分析

素材

本案例设计制作书籍《一盏清明》的配套书卡，由于精装书在封面包装和版心选纸上都采用了高质量的材料，所以它的定价一般都比较高。因此在商业售卖精装书籍时，为了可以创造更好的销量，精装书籍会产生一些配套的附加产品，例如配套的书签、书卡或是明信片等，接下来为读者介绍精装书《一盏清明》的配套书卡的制作方式。

由于书卡和明信片的大小相同，所以书卡的尺寸选用普通明信片的大小 165mm×102mm。书卡的主题内容和构图均沿用书籍封面的设计，将封面中的广告语剔除掉，使书卡看起来和书籍封面高度重合却又不失宁静、淡雅，书卡的图像效果如图 5-55 所示。

图 5-55　图像效果

• 制作步骤

Step 01 打开 Illustrator CC 2020，单击“新建”按钮，设置新建文档的各项参数，如图 5-56 所示。执行“文件”→“置入”命令，选择名为“002.jpg”的素材图像，在画布中单击置入素材图像，如图 5-57 所示。

图 5-56　新建文档

图 5-57　置入图像

Step 02 单击工具箱中的“矩形工具”按钮，在画布中单击拖曳创建矩形，如图 5-58 所示。在选项栏中设置矩形的填充颜色和不透明度，如图 5-59 所示。

Step 03 设置完成后，图像效果如图 5-60 所示。打开“字符”面板，设置各项字符参数，“字符”面板如图 5-61 所示。

Step 04 单击工具箱中的“直排文字工具”按钮，在画布中单击输入直排文字，如图 5-62 所示。单击工具箱中的“修饰文字工具”按钮，选择“清”文字向左和向上偏移文字位置，如图 5-63 所示。

图 5-58 创建矩形

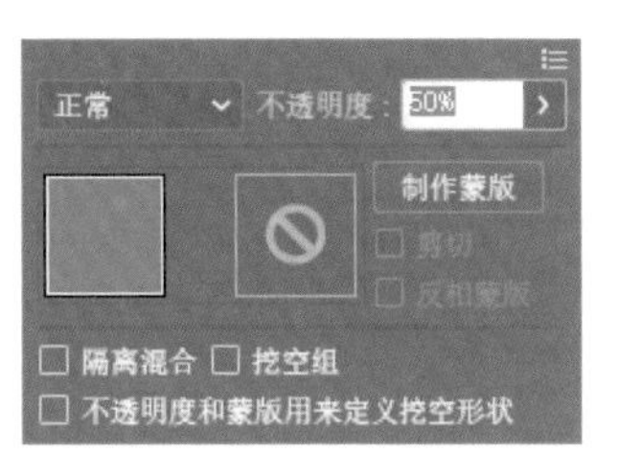

图 5-59 设置参数

图 5-60 图像效果

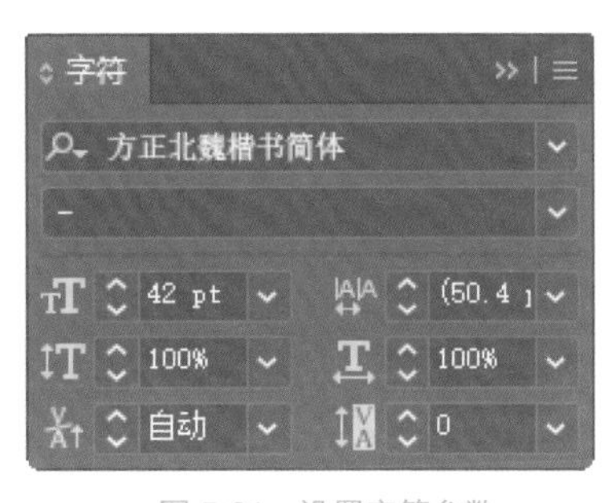

图 5-61 设置字符参数

图 5-62 输入文字

图 5-63 修饰文字

Step 05 打开“字符”面板，设置各项字符参数，“字符”面板如图 5-64 所示。使用“横排文字工具”在画布中输入横排文字，如图 5-65 所示。

Step 06 单击工具箱中的“直线段工具”按钮，在画布中单击拖曳创建直线段，设置直线段的不透明度为 50%，如图 5-66 所示。使用相同方法完成相似直线段的制作，如图 5-67 所示。

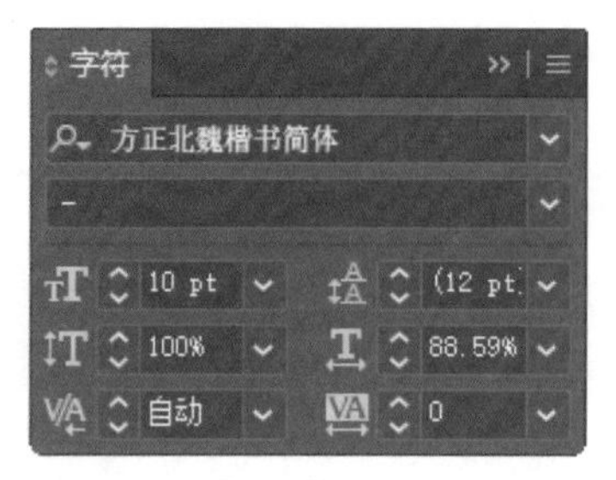

图 5-64　设置文字参数

图 5-65　输入文字

图 5-66　创建直线段

图 5-67　绘制相似直线段

Step 07 单击工具箱中的“椭圆工具”按钮，在画布中单击拖曳创建圆环，如图 5-68 所示。选中直线段和圆环后右击，在弹出的下拉列表中选择“编组”选项，如图 5-69 所示。

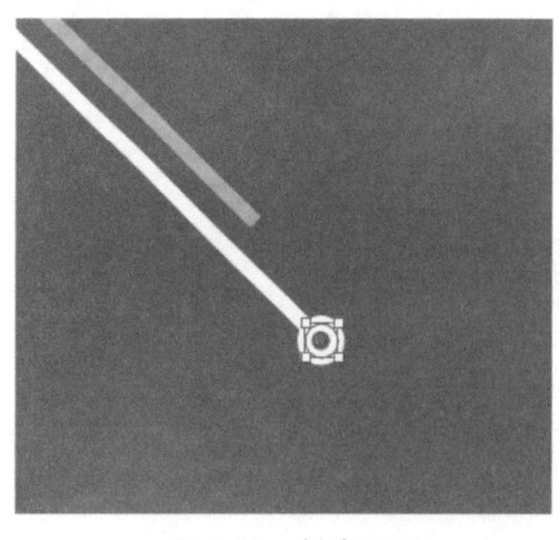

图 5-68　创建圆环

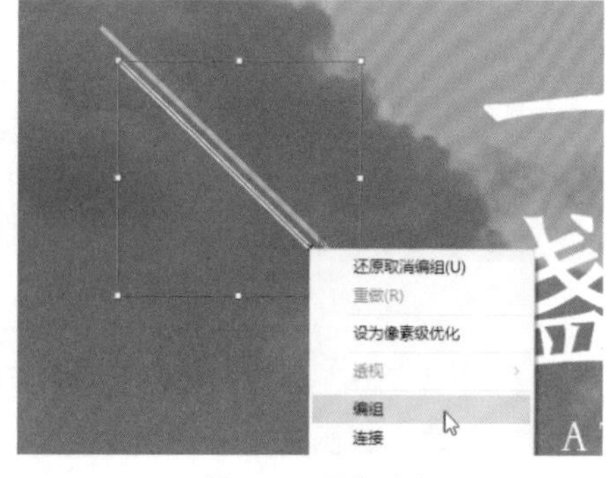

图 5-69　编组路径

Step 08 使用相同方法完成相似编组路径的操作，如图 5-70 所示。单击工具箱中的“钢笔工具”按钮，在画布中连续单击创建不规则形状，如图 5-71 所示。

图 5-70 完成相似操作

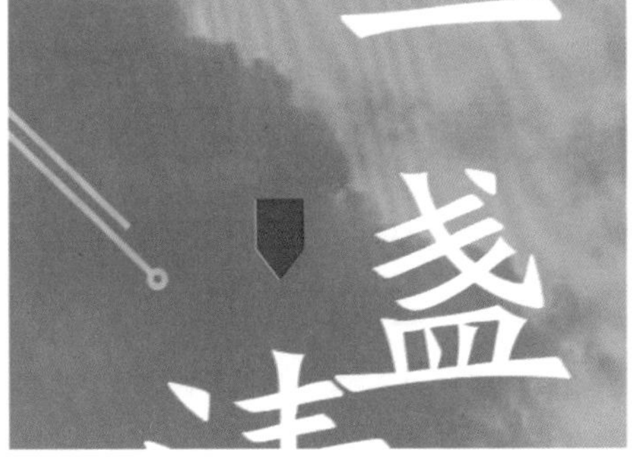

图 5-71 创建不规则形状

Step 09 使用相同方法完成相似文字内容的制作，如图 5-72 所示。单击工具箱中的“光晕工具”按钮，在画布中单击拖曳创建光晕形状，如图 5-73 所示。

图 5-72 完成相似文字操作

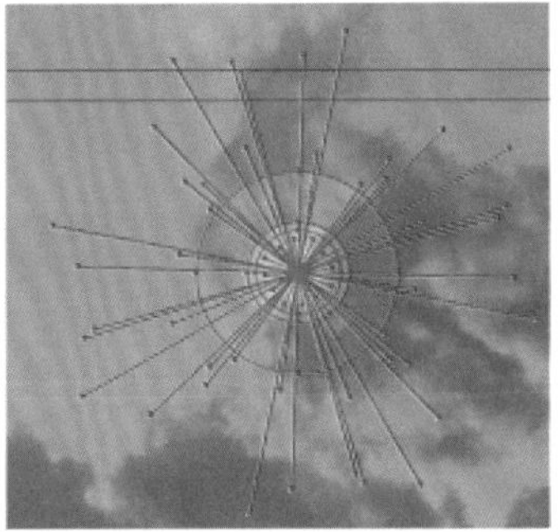

图 5-73 创建光晕形状

Step 10 使用相同方法完成相似文字内容的制作，如图 5-74 所示。使用“直线段工具”在画布中单击拖曳创建直线段，如图 5-75 所示。

图 5-74 完成相似文字内容的制作

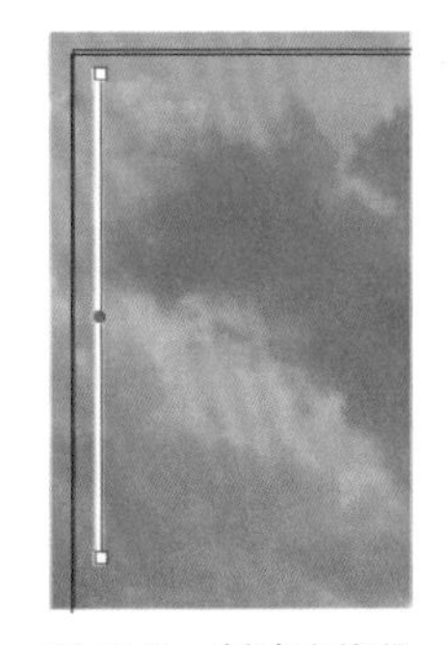

图 5-75 创建直线段

Step 11 打开“属性”面板，设置直线段的“描边”选项中的各项参数如图 5-76 所示。使用步骤 10 和步骤 11 的方法完成虚线段的制作，如图 5-77 所示。

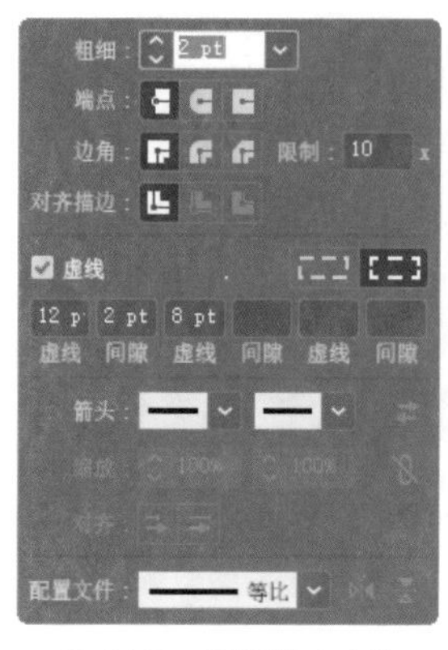

图 5-76　设置描边参数

图 5-77　完成相似虚线段的创建

5.3.3　线装书的装订工艺

线装书是指用线把书页和封面装订成册，并且订线露在外面的装订方式。线装书加工精致，造型美观，具有独特的民族风格，如图 5-78 所示为线装书的图像效果。

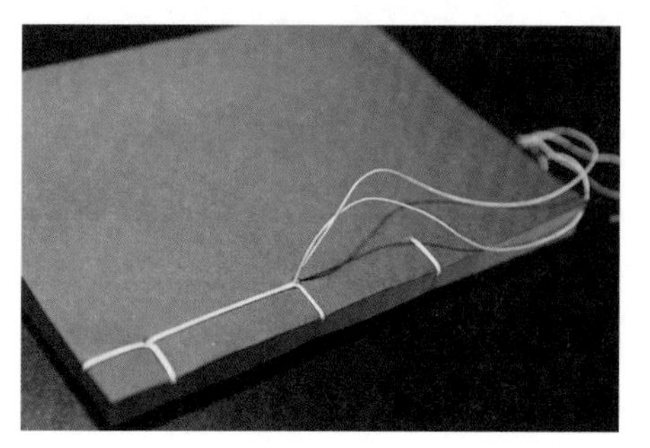

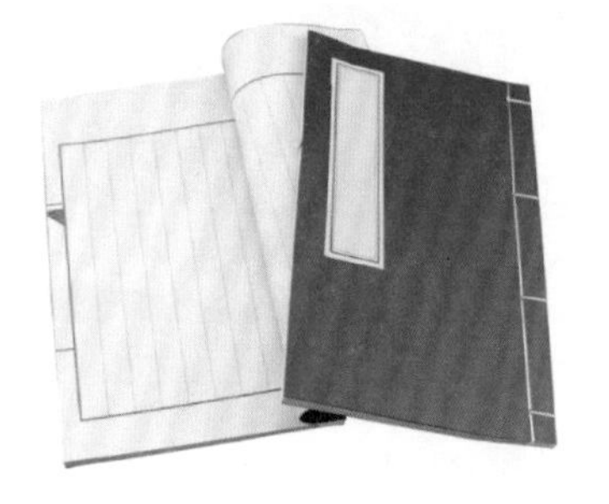

图 5-78　图像效果

一般情况下，线装书的装订过程全部为手工制作，手工流程为：理纸开料—折页—配页—散作、齐栏—打眼—串纸钉—粘面、贴签条—切书—串线订书—印书根，各个流程的介绍如表 5-5 所示。

表 5-5　手工流程介绍

流　　程	介　　绍
理纸开料	线装书所用纸质软而薄，理纸困难。因此，将印张理齐，再按照折页的方法进行裁切
折页	线装书的书页，一面印有图文，一面是空白，书页对折后图文在外，占 2 个页码。有的书页在折缝印有“鱼尾”标记，折页肘拦鱼尾标记折叠居中，版框也就对准了

续表

流　　程	介　　绍
配页	先把页码理齐，然后逐帖配齐。配页时应一边配页，一边毛查，防止多帖、漏帖、错帖现象发生
散作、齐栏	将书页逐张理齐，使书页达到齐正的工艺操作，称之为“散作”。逐张拉齐栏脚的过程叫齐栏
打孔	线装书要打两次孔。第一次在版心处打 2 个纸钉孔，作用为串纸钉定位。第二次是打线孔，作用是将版心与封面配好并粘牢，再经三面裁切成光本书，打 4 个或 5 个孔
串纸钉	串纸钉是线装书装订的特有工序。纸钉用长方形的连史纸切去一角制成。纸钉穿进纸眼后，纸钉弹开，塞满针眼，达到使散页定位的目的。串纸钉时，纸钉的头与尾需露在书芯的外面并且要摊平
粘面、贴签条	线装书的封面、封底是由两张或三张连史纸裱制而成。粘面时，先把少批的胶液涂在纸钉的头尾部分，然后将封面、封底粘在正确的位置上
	线装书的封面，一般为水青色或玉青色，封面的左上角贴有印好书名的签条，签条的设计及粘贴的位置对书籍的造型有一定的影响
切书	一部由多册组成的书，将各册依次配成整部，再利用三面切书机裁切成为光本，这样就减少了整部书的裁切误差
串线订	线装书的串线方式繁多，使用最多的是丝线，其次是锦纶线。订好的书，要求平整、结实，线结不能外露，应放在针眼里
印书根	在书籍的地脚切口部分印书名、卷次和册数字样，以便于查找

5.4 举一反三——为书签添加打孔印刷工艺

源文件：第 5 章 \5-4.psd　　　　视频：第 5 章 \5-4.mp4

微视频

素材

通过学习本章的相关知识点，读者应该对书籍装帧的版式设计和装订工艺有了更深层次的了解。下面利用所学知识为《古代藏镜》书签添加打孔印刷工艺。

Step 01 创建正圆选区，如图 3-79 所示。

Step 02 在“通道”面板中单击“将选区存储为通道”按钮，如图 3-80 所示。

Step 03 显示 CMYK 通道，修改 Alpha 通道的名称，如图 3-81 所示。

Step 04 取消选区后，图像效果如图 3-82 所示。

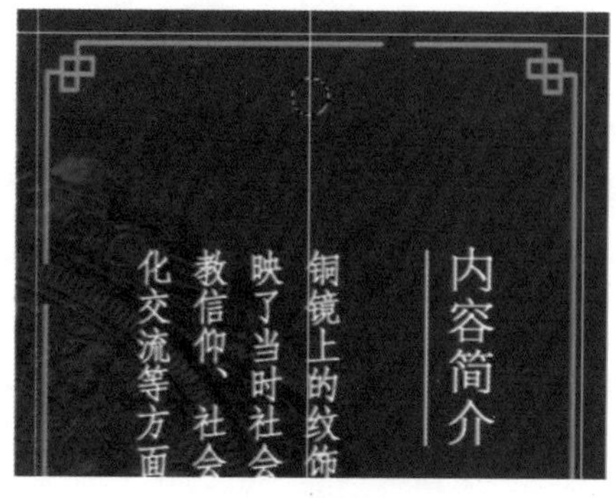

图 3-79　创建选区

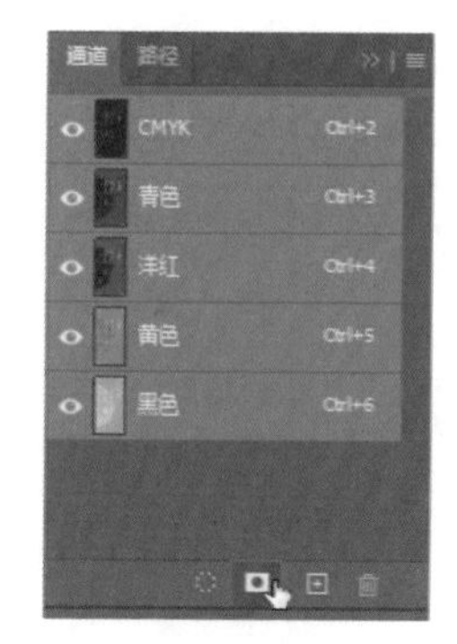

图 3-80　将选区存储为通道

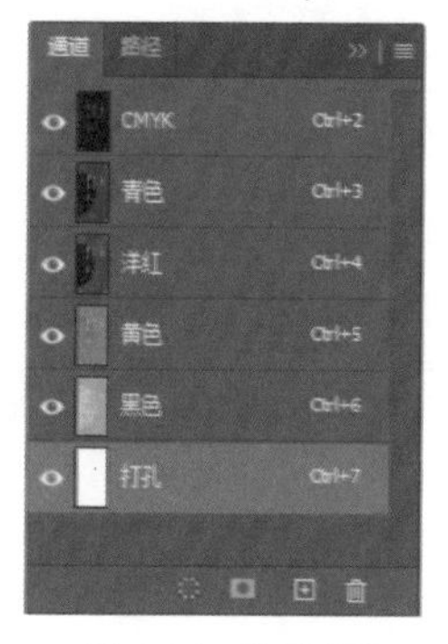

图 3-81　修改名称

图 3-82　图像效果

☆ 提示

在纸制品的印刷工艺中，打孔、UV 和烫金烫银等工艺的制作方式相差无几。

5.5 本章小结

本章向读者介绍了书籍版式的其他页面设计、书签设计和 3 种书籍的装订工艺，通过本章的学习，读者应该对书籍装帧设计有了非常全面的了解，希望在今后的学习和工作生活中加以运用并有所精进。